《中小学气象知识》丛书

王奉安 ◎ 主编

Yu Xue Bao de Zongji

雨雪雹的踪迹

张海峰 ◎ 著

气象出版社
China Meteorological Press

图书在版编目（CIP）数据

雨雪雹的踪迹 / 张海峰著. -- 北京：气象出版社，
2019.7
　（中小学气象知识 / 王奉安主编）
　ISBN 978-7-5029-6914-1

　Ⅰ.①雨… Ⅱ.①张… Ⅲ.①降雨—青少年读物②雪
—青少年读物③雹—青少年读物 Ⅳ.①P426.62-49
②P426.63-49③P426.64-49

中国版本图书馆CIP数据核字(2019)第100087号

Yu Xue Bao de Zongji
雨雪雹的踪迹

张海峰　著

出版发行：气象出版社

地　　　址：北京市海淀区中关村南大街46号　　邮政编码：100081

电　　　话：010-68407112（总编室）　　010-68408042（发行部）

网　　　址：http://www.qxcbs.com　　　　E－m a i l：qxcbs@cma.gov.cn

责任编辑：颜娇珑　胡育峰　　　　　　　终　　审：吴晓鹏

责任校对：王丽梅　　　　　　　　　　　责任技编：赵相宁

设　　计：符　赋

印　　刷：北京地大彩印有限公司

开　　本：787mm×1092mm 1/16　　　印　　张：7

字　　数：100千字

版　　次：2019年7月第1版　　　　　　印　　次：2019年7月第1次印刷

定　　价：35.00元

《中小学气象知识》丛书
编委会

主　编：王奉安
副主编：汪勤模
编　委（按姓氏笔画排序）：

王　力　　王奉安　　石　英　　汪勤模　　宋中玲

张海峰　　金传达　　施丽娟　　姜永育　　高　歌

董永春　　曾居仁

本丛书编辑组

胡育峰　　邵　华　　侯娅南　　颜娇珑　　殷　淼　　黄菱芳　　王鸿雁

序言

2016年5月30日，中共中央总书记、国家主席、中央军委主席习近平在全国科技创新大会、中国科学院第十八次院士大会和中国工程院第十三次院士大会、中国科学技术协会第九次全国代表大会上的讲话中提出："科技创新、科学普及是实现创新发展的两翼，要把科学普及放在与科技创新同等重要的位置。没有全民科学素质普遍提高，就难以建立起宏大的高素质创新大军，难以实现科技成果快速转化。希望广大科技工作者以提高全民科学素质为己任，把普及科学知识、弘扬科学精神、传播科学思想、倡导科学方法作为义不容辞的责任，在全社会推动形成讲科学、爱科学、学科学、用科学的良好氛围，使蕴藏在亿万人民中间的创新智慧充分释放、创新力量充分涌流。"

科学普及工作已经上升到了一个与国家核心战略并驾齐驱的层面。科技工作者是科技创新的源动力，只有科技工作者像对待科技创新一样重视科学普及工作，才可能使科技创新和科学普及成为创新发展的两翼。

作为科普工作的一个重要方面，科学教育工作已经引起社会方方面面的重视。气象作为一门多学科融合的科学，对培养青少年的逻辑思维能力、动手能力等都具有重要的作用。另外，相对于成年人，中小学生在自然灾害（气象灾害造成的损失占自然灾害损失的7成以上）面前显得更加脆弱，因此，做好有针对性的气象防灾减灾科普教育具有重要的现实意义。在全国范围内落实气象防灾减灾科普进校园工作，从中小学阶段就开始让每一个学生学习气象科普知识，有助于帮助中小学生理解气象防灾减灾的各项措施，学会面对气象灾害时如何自救互救。

气象科学知识普及率的调查结果表明，灾害预警普及率、气候变化相关知识等基础性的气象知识普及率虽然存在区域性差异，但总体上科普的效果并不理想。究其原因，可能是现有气象科普产品的创作水平不高，内容同质化、单一化，未能满足公众快速增长的多元化、差异化需求。

气象科普工作任重而道远。

提高气象科普作品的原创能力，尤其是针对不同用户和需求的精准气象科普产品的研发，让气象科学知识普及更有效率、更有针对性，是我们努力的方向。

经过多方共同努力，针对中小学生策划的这套气象科普丛书《中小学气象知识》即将付梓，本套书共包括12个分册，由浅入深地介绍了大气的成分、云的识别、风雨雷电等天气现象的形成、气候变化和灾害防御等气象知识。为了更好地介绍气象基础知识，为大众揭开气象的神秘面纱，本丛书由工作在一线的气象科技工作者和科普作家撰稿，努力使这套书既系统权威又趣味通俗；同时，也根据内容绘制了大量的图片，努力使这套书图文并茂、生动活泼，能够让中小学生轻松阅读，有效掌握气象相关知识。

这套气象科普丛书的出版，将填补国内针对中小学生的高质量气象科普图书的空白。希望这套丛书能够丰富中小学生的气象科普知识，提升他们在未来应对气象灾害的自救、他救能力，在面对气象灾害时他们能从容冷静展开行动。

中国工程院院士　李泽椿

前言

早在1978年，气象出版社就出版了一套18册的《气象知识》丛书，1998年和2002年又先后出版了8册的《新编气象知识》丛书和18册的《气象万千》丛书，当时在社会上引起了较大反响，成为广大读者了解气象科技、增长气象知识的良师益友。但是，最新的一套丛书距今已有15年了。这15年来，气象科技在传统的研究领域有了长足的发展，雾、霾等频发的气象灾害，更为有效的防灾减灾手段等已经成为新的社会关注点，读者的阅读需求亦发生了较大变化。此外，气象科普信息化又赋予我们新的任务，向我们提出了新的挑战。因此，出版《中小学气象知识》丛书，借以图文并茂、趣味通俗、系统权威地介绍气象基础知识，帮助大众了解气象、提高防灾减灾意识，显得尤为重要。这也正是贯彻党的十八大提出的"加强防灾减灾体系建设，提高气象、地质、地震灾害防御能力""积极应对全球气候变化"等要求的具体体现。

创作一部优秀的科普作品是一件很不容易的事，尤其是面向青少年读者群的科普作品更需要在语言文字上下大功夫。丛书的作者，既有知名的老科普作家，也有年轻的科普创客，他们为写好自己承担的分册均付出了很大的努力。

丛书包括12个分册：《大气的秘密》《天上的云》《地球上的风》《台风的脾气》《雨雪雹的踪迹》《霜凇露的身影》《雾和霾那些事》《雷电的表情》《高温与寒潮》《洪涝与干旱》《极端天气》《变化的气候》，各分册中均将出现但未进行解释的专业名词加粗处理，并在附录中进行解释说明。该套丛书科技含量高，语言生动活泼、通俗易懂、可读性强。每本书都配有大量的图片。这12本书将陆续与读者见面。

2017年1月

目 录

阴雨霏霏

雨从哪里来

从李白的诗说起

刚吃完午饭，天突然黑了，风也"呼呼"地刮起来，小树拼命摇摆，小鸟躲进了窝。豆大的雨点砸下来，发出"啪啪"的响声。

一扇门开了，跑出一个胖胖的小男孩。随后一个声音传来："壮壮，下雨了，你去哪儿？""没事的，妈妈，我就看看。""雨有什么好看的，快回来吧！""知道啦！"雨越下越大，门口的积水像小河一样，屋檐下，珍珠一样的雨点排着队往下落。妈妈冲进雨幕里，硬是把壮壮拖回了家。壮壮一边用毛巾擦着脸一边说："我就想知道，这雨是怎么下起来的！"妈妈说："傻孩子，那是大人的事儿，慢慢你就知道了。""不，我都上五年级了，我现在就想知道。"

雨是人们司空见惯的天气现象。雨和云是联系在一起的，没有云，便不可能有雨。

"云青青兮欲雨，水澹澹兮生烟。"这是诗人李白在他的《梦游天姥吟留别》诗中描写云雨关系的著名诗句。大意是：天突然间变得阴暗像要下雨了，蒙蒙的水面也升起了烟雾。1200多年前，从未涉足过气象科学领域的李白，通过他直观的、朴素的观察，居然写出了"水生云、云生雨"的真谛。这李白也真了不起，不但会写诗，还懂气象知识呢！从诗中我们知道，雨来自云中，但有了云，却不一定就会下雨。这还得先从云的形成说起。

天上飘浮的朵朵白云，究竟是从哪儿来的呢？

还用说嘛，都渗到土壤里去了呗！

田野里湿漉漉的庄稼地，若一段时间不下雨，不浇水，就会出现旱情；村边的池塘，一段时间不下雨，水位便越来越低；城市刚洒过水的柏油路，过不了多大会儿，就又变得干燥了……这些水都跑到哪儿去了呢？壮壮心里想：还用说嘛，都渗到土壤里去了呗！那阳台花盆几天不浇水，盆土便变得干燥；把洗过的湿衣裳挂到绳子上，过段时间就晾干了……它们又是怎么变干燥的呢？这些，壮壮想不通了。

原来，水分除了往土壤里渗透，还有一条重要途径——蒸发。水分经过蒸发变成水汽，跑到空中去了。

大气中的水汽，主要来自于海洋、河流、湖泊和地表等水分的蒸发。

我们赖以生存的地球是一个大水球，它的表面积约为5.1亿平方千米，而陆地面积还占不到3/10呢！这么大的水面，在太阳的照射和风的吹动下，无时无刻不在蒸发，于是，空气中便具备了充沛的水汽。这些水汽上升到一定高度后，随着环境空气温度的降低逐渐凝结成小水滴，这些小水滴团结在一起，就形成了云。

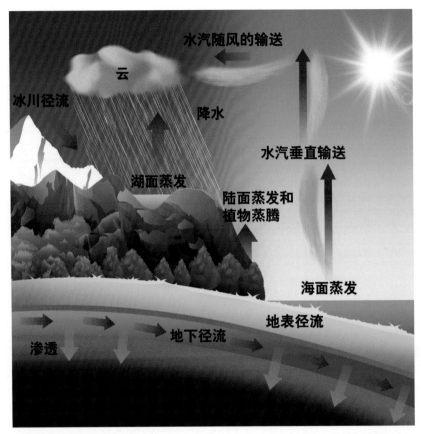

地球和大气的水分循环

平均而言，整个海洋表面每年约有100厘米厚的水层转化为水汽，再加上陆地上的河流、湖泊、土壤都在向大气输送水汽，这就为成云致雨创造了充足的水汽来源。

水从海洋和大陆表面经蒸发进入大气，被气流带到高空，凝结成云后，又从云中化身降水重新回到地球表面。其中，有3/4的降水落到了海洋里，大陆上接纳的雨水只占1/4。降到地面上的水经过动植物"吸收"后，多余部分渗透入地下或沿着大小河流回归海洋。

湿度是表征空气中水汽含量的物理量，它是看不见摸不着的，但我们却可以感知它的存在。有时候空气清爽宜人，**能见度**也特别好，那是空气中湿度适宜的表现。有时候天气闷热难耐，汗水顺着脖子往下淌；通常干燥的水泥地面，也像人出汗一样变得湿漉漉的，这些，都是湿度特别大的缘故。当然，还有的时候空气特别干燥，人不停地喝水，仍然口干舌燥；使用的木质家具，无缘无故地变形、开裂，那都是空气中湿度太小引起的。如果湿度大而且空气的垂直运动强烈，则对云的生成和发展极为有利。气流上升速度越大，云层发展越厚，云的颜色就越灰暗，也就越能显示出即将下雨的征兆。

歌中唱的"天上有朵雨做的云"，倒是确切地阐明了云的性质。

雨是这样形成的

来到学校，壮壮还在琢磨，一下课，他就跑到了雨地里。同学静静给他送来一把伞，壮壮做了一个"不要"的手势，依然傻傻地看天。他不是无缘无故地淋雨，是因为有个问题困扰着他：云的原理基本弄清了，可是这雨，究竟是怎样下起来的呢？

静静知道，只有辅导员田老师能够说服他。听静静一说，田老师撂下手头的活儿，紧忙赶来了。

田老师说："哟，看我们的小科学家多入迷！"

壮壮看见田老师，这才从雨地里跑回了房檐下。

田老师："答案找到了吗？"壮壮摇摇头。

田老师从书包里掏出一本书："答案在这儿呢！赶紧去换衣服，把书拿回去慢慢看。"

同学们都围过来，看见田老师送给壮壮的书是《云天探秘》。

　　孩子们喧哗起来了。田老师说："别吵，让壮壮先看吧！看完把他的收获写出来，大家再一块儿交流。"

　　壮壮顾不得换下湿漉漉的衣裳，一头钻进了科学的海洋里。他终于知道了，云由大量飘浮在空中的肉眼看不见的小水滴或小冰晶组成，或者由小水滴和小冰晶混合组成。它们的个头很小，大多数直径还不到1毫米的百分之一，在1立方米的空间中，可以密集地存在几千万甚至几亿个。

　　壮壮吸了一口气：原来这样啊！

雨从云中下落的过程

　　这些由小水滴、小冰晶或者小水滴和小冰晶混合组成的云高悬在空中不往下掉，主要是由于空气中有上升气流在下面顶托。其次是云中水滴或冰晶个头太小，重量太轻，受地心引力作用不大，于是下降的速度非常缓慢。一个直径20微米的云滴若从1000米的高空掉下来，需要整整6个小时呢！何况云滴在下降过程中还要连闯两个大关：一是冲过上升气流的顶托，另一个是经受住被再一次蒸发掉的危险。只有水汽在云滴上继续凝结或凝华，以及云滴间相互碰并，大水滴不断"吃掉"小水滴，使得体积越来越大，以至大到本身的重量足以克服上升气流的阻力时，才能以雨、雪或其他形态降落到地面上。

从云到雨，整个就是一个水滴或冰晶成长壮大的过程。

云滴变大后从云中降下来，究竟是雨是雪还是其他形态，主要取决于云内和云下温度的高低。当云内温度在0 ℃以上时，云完全由水滴组成，云滴增大后掉下来便是雨。云内温度虽然低于0 ℃，但云下气层的温度如果仍然高于0 ℃，云滴增大后掉下来的虽然可能是**过冷水滴**、冰晶或雪花，但在通过云下较暖的气层后也会融化为雨滴。来不及完全融化的，就会雨、雪同下，这种现象叫做雨夹雪。只有当云内和云下的气层温度都低于0 ℃时，掉下来的才是雪花。

虽然有点抽象，但聪明的壮壮还是能够理解的。接着往下看。

最容易观测的"成云致雨"现象是烧开水。水沸腾后锅盖或壶盖一掀，白色的"雾气"便拼命向上飘，来不及飘走的，便附着在锅盖或壶盖上，变成一层晶莹的小水珠。如果将锅盖或壶盖稍稍振动或倾斜，这些小水珠便汇聚到了一起，从锅盖上淌下来。

壮壮恍然大悟，高兴得手舞足蹈："对呀，这种现象在妈妈做饭时不是经常可以见到嘛!"

炎热的夏季，有时候会出现这样的奇妙现象：乌云滚滚，狂风大作，可就是不见雨滴降落。

壮壮跟着感慨："这事儿碰到好几次了。究竟是什么原因呢?"

这是因为，夏季温度高，虽有较强的对流运动，但由于蒸发太强烈，水滴在下降过程中，来不及碰撞和合并就被蒸发掉了。冬季却不

一样，冰晶在降落过程中不但蒸发少，而且还会继续凝华增大，以至于达到了超过气流浮力的程度，就形成雪花飘然落地了。

壮壮掏出笔记本和笔，他要为明天的交流活动做准备了。

山脉是雨水的分界线

20世纪60年代初，著名作家李准（1928—2000年）写过一篇小说《耕云记》，情节有点传奇。

小说讲述了一个女气象员萧淑英看天的故事。那年当地大旱，幸好水库里还蓄了几千方水①，成了当地人的"命根子"。抗旱抗了47天了，忽然广播里预报说第二天有大雨，干部和群众都高兴坏了。为了防止水库垮坝，县水利局亲自来人，要将水库开闸放水。而萧淑英根据资料分析，认为雨下不到当地。因为当地是三省交界处，地形特殊，西北面有一座叫玉山的高山阻挡，天气情况往往和省里、县里的预报不相一致。话说出来了，她担着好大的责任呢！

那天夜里，天阴了，风起了，雷也阵阵轰鸣。萧淑英不放心，一个人摸黑爬到玉山顶上观测。山顶上的风更大，雷声震得好像要把山推倒下来。一道闪电明亮，只见山北边，翻滚着的云彩层层叠叠，就像几万匹野马向前奔跑一样，顺着丹江，一直往东卷过来。有几次眼睁睁看着风把云块推过来，可玉山就像个老佛爷挺着肚子，又把它顶了回去。电闪着，雷鸣着，风卷着云，云乘着风，整个天空就像个演戏的大舞台。天快亮的时候，天上洒落了一阵大雨点子，只下湿了地皮。

其实书中描写的现象并不偶然。

---

① "1方水"即1立方米体积的水，1立方米=1000立方分米=1000升。

萧淑英看天

　　翻开世界雨量图，就会发现这样一个有趣的现象：高高的山脉往往是雨水的分界线。你看，喜马拉雅山南边的印度阿萨姆邦的乞拉朋齐，素以"世界雨极"闻名天下，它位于卡西山的南坡，离孟加拉湾320余千米，海拔约1500米，东侧为印缅边境的那加山地；卡西山以北约100千米便是著名的喜马拉雅山，潮湿且不稳定的印度洋**饱和空气**在此受阻，被迫抬升，导致降雨不断，年平均降水量达11 430毫米。但是，位于喜马拉雅山北麓的我国西藏隆子，几乎与乞拉朋

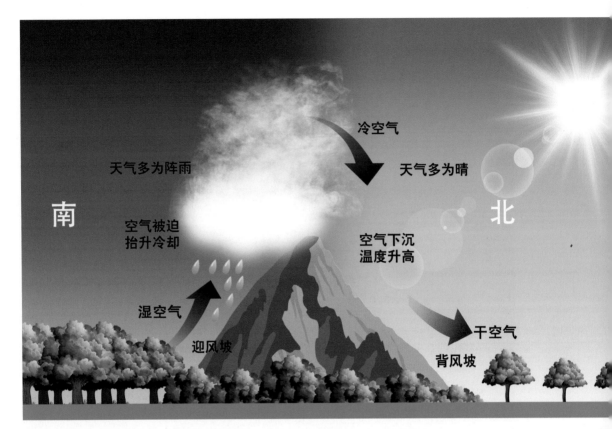

南

北

天气多为阵雨

冷空气

天气多为晴

空气被迫
抬升冷却

空气下沉
温度升高

湿空气

迎风坡

干空气

背风坡

山脉是雨水的分界线

齐在同一经度上，水平距离不过300多千米，年平均降水量却仅有273毫米，两者竟相差40多倍。还有，我国台湾省东北部、东部和东南部以及中央山地迎风坡的年降水量达3000毫米以上，其中基隆港南部的火烧寮，有的年份甚至达到8000多毫米，而在山脉背风坡的台湾海峡，年降水量还不到1000毫米。再如北美洲落基山脉的西部年降水量在2540毫米以上，是世界多雨地区之一，而山脉的东部年降水量仅300～500毫米。

民间有句谚语，叫作"一山分四季，南北两重天"，这是有道理的。

大家知道，生成暴雨的重要条件：一要有充沛的水汽，二要有强有力的抬升作用。一般情况下，大气的温度是下层高上层低，在一块暖而湿的降水云中，水汽含量相当高，如有外力抬升，这种暖而湿的空气便被送到高层冷区。环境温度降低后，水汽就要发生凝结，聚集成水滴。动力抬升作用越强，水汽上升的高度越高，凝结的速度也就越快，形成的水滴也就越多、越大。这种含有丰富水滴的云块，往往随着气流移动，一旦遇到高山的阻挡，就会被迫沿着迎风的山坡上升。在上升过程中，气温降低，水汽便凝结成云而致雨。这样，在迎风的山坡上，就会有大量的雨水降落下来。既然大量的水汽在迎风的山坡上变成了云和雨，那么越过山头的空气就相对干燥，所以背风的山坡，雨水就显著减少了。

雨的种类和量级

雨分这么多种类

今天是小朋友的气象课，铃声一响，同学们就整整齐齐坐好了。

辅导员田老师一边指着投影屏幕一边讲解：

天上的云千姿百态，落下来的降水物也是多种多样。

从形态上来分，有液态和固态两种。液态的降水不用说了，那就是雨。固态的可就多了，那飘飘洒洒、仪态万方、洁白美丽的是雪花；那大小如米粒，白色或乳白色，落地弹跳，形如圆锥的是霰粒；那中心为霰粒，周围由透明或不透明的冰层相间组成，小如黄豆，大如鸭蛋的冰球叫冰雹；那坚硬透明，落地反跳，直径大小在5毫米以下的球形固体物叫冰粒；还有一种针状或片状、透

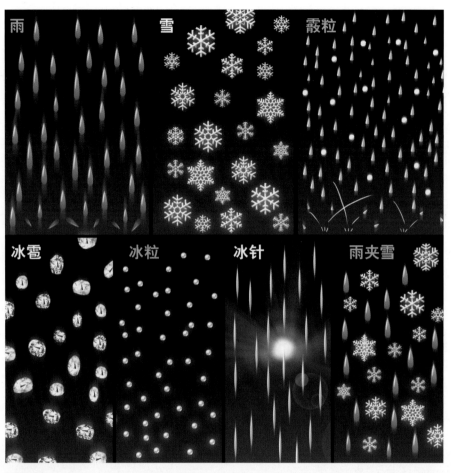

多种降水形态

明而细小的冰晶，在降落时受阳光照射而闪烁发亮，偶尔还出现晕的现象的是
冰针；当然也有时候，雨和雪同时降落，这种现象叫雨夹雪。

　　啊！同学们都睁大了眼睛，没想到气象里有这么多学问呢！

　　田老师说："我们先来说说雨。"

雨滴，乍看起来都一个样：从半径小至0.05毫米的毛毛雨滴到半径超过3毫米的大暴雨滴，一概都是液态水滴，只是大小差别而已，可它们在天空中形成和降落的经历却千差万别。

经历时间最短的要算是毛毛雨滴了。空中水汽只是随乱流运动，当升高到离地面几百米的大气层中时就凝结为层云，然后云滴稍稍增大便成为毛毛雨滴降落到地面。有时甚至只在几百米以下连接地面的浓密大雾中，就有毛毛雨滴飘落下来。这种毛毛雨落到脸上，会感觉痒痒的，很想用手抹一把。

同学们都笑了，有的还真忍不住用手在脸上抹了抹。

如果乱流运动较强，水汽被输送到较高的高度，譬如在500～2500米的**逆温层**底下，水汽凝结形成的层积云便往往较薄，且缺乏云滴增长的条件，所以一般层积云很少产生降水。只有一部分有堡状凸起的层积云偶尔会产生降水，这是因为云体内有局部的对流运动，可使部分云滴增大变为雨滴降落地面。但这种云往往带有阵性或间歇性的特点，雨量不会很大。

夏季的午后，我们经常会看到天边悬挂的馒头状云，那就是淡积云。经历时间长一些的雨滴往往要通过规模较大的对流运动或者斜升运动，水汽先在低空变为淡积云，随着对流运动的发展，再被输送到几千米的中空，形成山峦似的浓积云。这样一来，大小云滴碰撞合并的机会增多了，便有可能变为雨滴落到地面。

淡积云和浓积云本身就是一道很美的风景，有了它们，天空的大舞台才变得丰富多彩。

当对流运动继续发展，上升气流把水汽一直带到很高的高空，就会变成积雨云。再经过一系列复杂的变化，才会成为雨滴降落到地面。由于积雨云中含水量丰富，雨滴既大又密，常常造成局部地区的暴雨或大暴雨。

淡积云

高层云由于高而薄，掉下来的雨滴一般不大。而雨层云就不一样了，因云层很厚，含水量丰富，形成的雨滴就大得多，虽然比不上积雨云里的雨滴大，但雨滴密度大，特别是持续时间长，常常达到大雨或暴雨的程度。

这堂气象课内容丰富，同学们看着屏幕，听着老师讲解，心中豁然开朗。

为雨的量级排排序

测定降雨量对农业生产和防汛抗灾非常重要，因为几千年来，大田农业基

雨层云

本上是靠天吃饭呢！降雨量一般用雨量器测定。雨的量级是根据单位时间内、单位面积上降雨的多少划分的，分为小雨、中雨、大雨和暴雨等，以毫米为单位。那么1毫米降雨落到1亩农田里到底有多少呢？首先需要明白，这里的"1毫米"指的是水的深度。我们先把"亩"折换成"平方米"，每亩地面积约为667平方米，因此，对于1亩地来说，1毫米降雨量就等于增加了0.667立方米的水。每立方米的水是1000千克，1毫米降雨量也就等于向每亩地浇了约667千克的水。

雨的量级，气象上的规定如表1所示。

表1　不同时段的降雨量等级划分

等级	时段降雨量	
	12小时降雨量（毫米）	24小时降雨量（毫米）
微量降雨（零星小雨）	<0.1	<0.1
小雨	0.1~4.9	0.1~9.9
中雨	5.0~14.9	10.0~24.9
大雨	15.0~29.9	25.0~49.9
暴雨	30.0~69.9	50.0~99.9
大暴雨	70.0~139.9	100.0~249.9
特大暴雨	≥140.0	≥250.0

若降雨量不足0.05毫米或观测前确有微量降水，因蒸发过快观测时已经没有了，则记为0.0毫米，因为这也是一次降雨过程。

在没有雨量器观测的情况下，也可以随时根据降雨情况配合雨的声音来判断雨的等级。

下小雨时，一般雨点清晰可辨，没有飘浮现象。雨水落到地面、石板或屋瓦上不四溅，地面泥水浅洼形成很慢，至少2分钟以上才会润湿石板、屋瓦，屋檐下只有滴水。

下中雨时，雨水如线，雨滴不易分辨。雨水落在硬地、屋瓦上会发生四溅。水洼泥潭形成很快，屋顶能传来沙沙沙的声响。

下大雨时，雨如倾盆，模糊成片。雨水落在屋瓦、水泥地或石板上激烈飞溅，水潭形成很快，屋顶雨水有哗哗哗的喧闹声。

在收看电视节目《天气预报》时，画面中经常出现晴、多云、阴、小雨、中雨、大雨、暴雨等图形符号，制作得生动有趣。为便于记忆，在此附出部分与晴雨有关的图形符号，供参考。

晴（白天）　　晴（夜晚）　　多云（白天）　　多云（夜晚）　　阴天　　小雨

中雨　　大雨　　暴雨　　阵雨　　雷阵雨

电视节目《天气预报》中与晴雨有关的图形符号

符号中的晴，指天空无云或虽有少量的云，但云量占不到天空的1/10。有时天空中出现很高很薄的云，但对阳光透射很少有影响的，也称为晴。

多云，指天空中的中、低云的云量占天空总面积的40%～70%，或高云云量占天空总面积的60%或以上。

阴，指中、低云的云量占天空总面积的80%及以上。阴天时天色阴暗，阳光很少或不能透过云层。

此外，天气预报中还会出现"零星小雨""阵雨""雷阵雨"等说法。"零星小雨"指降水时间很短，降水量不超过0.1毫米。"阵雨"指的是夏季降水的开始和终止都很突然，一阵大，一阵小，降水量较大。"雷阵雨"则是指下阵雨时伴着雷鸣电闪。"有时有小雨"意即天气阴沉，有时会有短时降水出现。"局部地区有雨"指小范围地区有降水发生，分布没有规律。

我国的降水分布

我国的降水分布，从沿海到内陆，从南方到北方，呈逐渐减少趋势：东部湿润，年降水量在500毫米以上；秦岭、淮河一线以南，年降水量超过750毫米；长江流域为1000～1500毫米；东南沿海为1500～2000毫米；西部除天山和祁连山部分山区年降水量较多外，其余地区都在500毫米以下，比较干旱。

从各地的降雨类型看，又可分为江南春雨、江淮梅雨、北方夏雨和华西秋雨等。

行人断魂的江南春雨

> 清明时节雨纷纷，路上行人欲断魂。
> 借问酒家何处有，牧童遥指杏花村。
>
> ——唐·杜牧 《清明》

这是唐代诗人杜牧著名的《清明》诗。在1000多年前"之乎者也"的时代，这首诗却晓白如话，清新自然，即使文化程度不高的人，不用翻译也能读得明白。它浅显易懂，但又意境优美，耐人寻味，极富感染力，难怪能在民间广为流传。

清明节，这个色彩和情调都很浓郁的节日，本该是家人团聚、游玩赏春或上坟扫墓、缅怀先人的时节，而孤身赶路的行人，偏偏又遇上了纷纷的细雨，淋得春衫尽湿，免不得触景伤怀。这个时候，行人多么渴望找家酒肆坐下来小酌一杯啊！经牧童指点，前边那雨雾中隐隐看见的村庄，就是卖酒的杏花村了。

杏花村究竟在什么地方呢？原来在安徽省池州市。

池州位于长江南岸，北临浩荡长江，南接雄奇黄山，地形东南高、西北低，自南向北呈阶梯分布；地处暖温带与亚热带的过渡带，属于亚热带湿润季风气候。受季风、地形等影响，降水年际、年内变化较大，多年平均降水量为1500～1700毫米。

借问酒家何处有，牧童遥指杏花村

唐会昌四至六年（公元844—846年），时任池州刺史的杜牧春游杏花村，触景生情，挥毫写下了这首千古绝唱《清明》诗。

告别了严寒，春天最早来到江南。那沟渠纵横的块块水田，那层层迭迭的山区梯田，那软软甜甜的拂面春风，那阴多晴少的早春天气，无不构成同北方迥然而异的另一道景观。春天的华北，阳光明媚，大地染绿；春天的江南，细雨霏霏，云雾缠绵。

多少楼台烟雨中

　　江南指我国巴山和淮河以南、川西高原和云南高原以东的广大长江流域地区，是我国春雨最多的地方，3—5月3个月的总降水量一般都在200毫米以上，总雨日在30天以上。以长沙、南昌为例，3—5月平均日照百分率只有28%，即72%的白天见不到太阳，10天里雨日就达6天。3—5月总降水量647毫米，几乎占了年降水量的一半。充沛的春雨，对种植水稻十分有利，这就是我国自古以来农作物分布形成的"南稻北麦"的气候原因。

　　阴雨天一多，地面上得到的太阳光热量就大大减少。土壤潮湿，水分蒸发又大量耗热，于是江南的春季升温缓慢，春季的时间也就延长了。例如，南昌、长沙3月8—10日入春，5月中旬春尽，时间长达69天之多，比北京要长14天左右。

　　江南虽然多雨，却并非终日天气阴霾，而是时阴时晴，加之冬无严寒，空气湿润，因此对茶叶、柑橘等许多亚热带植物栽培有利。我国南方的茶叶之所以质量优良，久负盛名，与当地独特的自然气候条件分不开。

　　还有，因江南冬、春季阴雨时间长，夏、秋季伏旱时间短，所以全年雨量充沛，江河水流丰盈。雨水不断融蚀地表面，造就了绿水青山、婀娜多姿的绚丽风光。

数日不开的江淮梅雨

　　每年初夏，正值江淮梅子黄熟、梅林飘香的季节，天空却阴沉得像一块灰色的幕帐，连绵阴雨，时大时小，数日不开。这就是人们常说的江淮梅雨。

　　梅雨是东亚地区特有的天气气候现象，其影响范围相当广，大致在东经110°以东，北纬26°～34°的广阔区域。这个雨带还跨海东渡，波及韩国和日本南部。

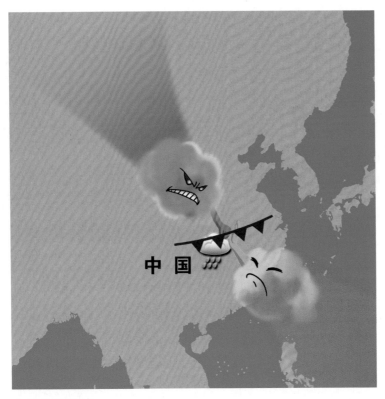

冷暖气团对峙

　　每年盛夏前后，来自西伯利亚和蒙古一带的干冷气团与来自海洋上的暖湿气团在这里相遇，致使"冷**锋面**"不断出现，结果暴雨频繁，洪水泛滥。由于形成梅雨的两个气团势均力敌，故梅雨锋稳定少动，造成旷日持久的阴雨天气。

　　正常梅雨在6月中旬到7月上旬，时间长达20～30天，雨量在200～300毫米，占当地全年雨量的20%～30%。但年际变化很大，入梅日期迟、早可相差40天，出梅日期可相差45天。历史上最长的梅雨季节达60多天，也有些年份却一反常态，出现"空梅"，变成了"梅子熟时日日晴"，当然，这种情况历史上并不多见。

　　梅雨时节，气温较高，雨量丰沛，十分有利于水稻、蔬菜、瓜果等多种作物的生长。千百年来，我国劳动人民在生产实践中逐渐摸透了梅雨的脾气，合理地利用这一得天独厚的气候资源，将农作物布局和茬口安排做到因时制宜，让自然资源为人类服务，为江淮地区赢得了"两湖熟，天下足"和"江南鱼米之乡"的美称。

　　梅雨出现时，空气湿度很大，水汽常常吸附在人们的衣物、书籍、家具和食品上，时间一长，易招来霉菌滋生，非常讨厌，所以有人又把它叫成"霉雨"。李时珍在《本草纲目》中写道："梅雨或作霉雨，言其沾衣及物，皆出黑霉也。"梅雨天气的确给人们的生产和生活带来了某些不便，但也应该看到，丰沛的天然降水，却是人类赖以生存的根本条件。事实上，一个地区的降水状况，对当地的社会发展起着非常重要的作用。像江南地区那无垠的稻田，苍翠的林木，青青的茶园，交错的港汊，哪一样离得开梅雨季节雨水的滋润？

但梅雨若严重异常，便会引起这一带罕见的洪涝或持续性干旱。像1931年、1954年以及1991年江淮流域的洪涝灾害，都是因为梅雨量特大造成的。由于降水来势猛，强度大，范围广，持续时间长，致使农田受淹，铁路中断，工厂停产，人民生命财产受到损失。相反，如果梅雨期间雨水过少，甚至"空梅"，则会造成严重旱灾。

随着气象探测技术的不断发展，人们对梅雨的认识也越来越深入。为了确保人民生命财产安全，在梅雨到来之前，应清理好田间墒沟、疏浚城市下水道，对露天物资进行苫盖，抢修危漏房屋，充分利用一切有利条件，稳妥地躲避梅雨带给人类的灾害；而在迟梅年或空梅年，还要做好抗旱的安排和电力的调度，确保粮食稳产高产。

脾气暴躁的北方夏雨

江淮流域的梅雨结束后，我国淮河、秦岭以北的广大北方地区则正式进入了雨季。这段时间大致从7月中旬开始到8月上旬结束。其持续时间虽没有江淮流域的梅雨长，但它却是华北地区的主要降雨季节。据统计，该时段降水量要占全年的一半以上。

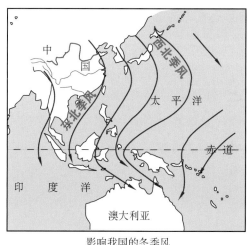

影响我国的冬季风

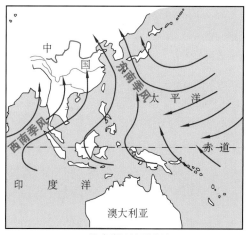

影响我国的夏季风

当然，雨季的形成又与夏季风的进退有着直接关系。

我国地处中纬度地区，东南靠海，受季风影响比较大。冬季，我国大陆盛行冬季风，冷空气活动频繁，雨水稀少，北方容易造成秋冬干旱；春末，夏季风开始活跃，从海上带来的暖湿气流，使温度显著升高。因此，在江南形成雨带后，随着夏季风的逐渐向北推进，华北的雨季便形成了。

这夏季风又是什么系统带来的呢？原来是盘踞在太平洋上纵横千里的暖空气团——强大的**副热带高压**逐渐向西、向北移动过程中带来的。

7月中旬后，暖湿空气继续加强，副热带高压再次产生向北的跳跃，使冷暖空气的交锋地带转移到华北地区，于是，我国北方旱季结束，雨季开始。这时的江淮流域一带，反倒被副热带高压所控制，从而进入盛夏炎热干旱的天气，俗称"伏旱"。

随着副热带高压的进退，在7月中旬至8月上旬这段时间内，灾害性大暴雨在北方随时可能发生。这种雨不像南方的降雨那样"斯文"，它苍茫豪劲，率直粗暴，说下就下，说晴就晴。下起来狂风肆虐，倒屋拔树，雷暴助威，霹雳震天。降雨时间虽短，但强度极大，往往能造成山洪暴发，江河漫溢，平地撑船，一派洪荒，给人民的生命财产和国家的经济建设造成重大影响。

中华人民共和国成立后，几场特大暴雨给人们留下了刻骨铭心的记忆。

一次是1963年8月上旬海河流域的罕见大暴雨。8月2—3日，铅块似的乌云沿太行山东麓移动，河北省最南部城市邯郸开始降暴雨。4日，暴雨中心移到内丘县獐獏一带，日降水量高达865毫米。7日，保定西部山区司仓日降水量704毫米。不但这些降水量值罕见，而且降水过程时间长，跨度达一星期之久，雨区中心雨量比常年偏多10倍以上，最大降水中心獐獏的过程降水量竟高达2050毫米。这场大暴雨导致5000多人被淹死，4万多人受伤，京广铁路中断27天。

另一次是1975年8月上旬的河南驻马店罕见大暴雨。受当年3号台风影响，淮河上游驻马店至南阳盆地的洪汝河、沙颍河以及唐白河流域暴雨如注。暴雨中心的泌阳县林庄，最大24小时降水量1060.3毫米，最大6小时降水量830.1毫米，均为当时世界最高纪录。罕见大暴雨使板桥、石漫滩两座大型水库和数十座中小型水库相继垮坝，洪水翻江倒海，所

河南驻马店溃坝的板桥水库

向披靡，数百万人在激流中挣扎。河南省29个县市1100万人受灾，8万多人死亡，113万亩农田遭到严重破坏。纵贯中国南北的交通大命脉京广铁路被冲毁102千米，中断行车18天，影响运输48天，造成直接经济损失近百亿元，史称"7·58"大洪水。

连绵不绝的华西秋雨

我国大部地区一到秋天，因受高气压控制，天气晴朗，空气清新，连中秋的月亮也显得格外皎洁。但是生活在我国华西地区"天府之国"的人，皎洁的中秋月对他们来说可真是难得一见。因为这时候，那里正下着绵绵秋雨呢！华西秋雨因此而得名。

从古到今，四川盆地的绵绵秋雨就十分引人注目，唐代文学家柳宗元曾用"恒雨少日，日出则犬吠"来形容四川盆地阴雨多、日照少的气候特色，以后便演变成了著名成语"蜀犬吠日"，比喻少见多怪。四川盆地的秋雨，古来如此。

华西秋雨主要出现在四川盆地和川西南山地，以及贵州的西部和北部，显著特征是雨水连绵，持续时间长，能一连数日淅淅沥沥，时断时续，天气阴沉，不见太阳，而且空气湿度大，给人郁闷不快之感。

资料表明，四川省会成都在1951—1980年的30年中，就有20年中秋夜阴云低垂，夜雨霏霏；有4年云厚天暗，星月隐蔽；有4年云天稍开，月光熹微；只有2年云净天高，皓月生辉。

近年来，不少气象工作者对华西秋雨现象进行了研究，认为秋雨与该地地形和气候特征有直接关系。

秋季，南海和印度洋上的暖湿空气在西南气流作用下，将丰沛的水汽源源不断地输送到华西地区。与此同时，来自高原北侧或我国东部的冷空气频繁南下，与滞留在华西地区的暖湿空气相遇，锋面活动剧烈。这种状态在秋季经常出现并且稳定维持，因而形成冷暖空气稳定的对峙状态，造成连续降雨。此外，由于秋季太阳辐射减弱，地面热力条件较差，降雨一般没有夏季强烈，雷电活动也相应较少，因此更多表现为持续的阴雨天气，能一连数日、十数日甚至数十日降雨不停，以致室内外空气潮湿，道路泥泞不堪。

　　有专家曾分析华西地区近两千年的秋雨概况，发现大约平均每5.5年即可发生一次明显秋雨年。近代，华西处于秋雨特多的周期中，自1951年以来，西南地区持续时间最长的秋雨出现在1964年，自8月下旬起始，直至11月中旬才逐渐结束，总雨日可达25～45天，宜宾地区西南部甚至出现50～70天的秋雨过程。

　　不同于北方的秋高气爽，在四川，渐浓的秋意总是伴随淅淅沥沥的秋雨缓缓而至。此时节正值秋粮作物灌浆，光照持续不足会影响作物的光合作用；空气湿度大，则不利于叶片水分蒸腾，影响茎秆向籽粒传输养分。

1964年严重秋雨灾害，曾使四川盆地和贵州大部地区的粮食生产受到严重损失。秋雨灾害不仅影响当年作物的收成，也影响来年作物的产量。因此，华西秋雨被人们喻为农作物"温柔的天敌"。但华西秋雨也有有利的一面：秋季降水增多，有利于土壤的蓄水保墒、预防春旱，从而保证冬小麦播种、出苗，减轻次年春旱对各种农作物的威胁。

独具特色地形雨

巴山夜雨

> 君问归期未有期，巴山夜雨涨秋池。
> 何当共剪西窗烛，却话巴山夜雨时。
>
> ——唐·李商隐 《夜雨寄北》

唐代诗人李商隐在他的《夜雨寄北》一诗中用简洁缠绵的文字，把大巴山地区的气象特色描绘得准确传神。短短四句诗，两次提到了巴山夜雨。而这样的句式，竟没有一点重复累赘之感，情思绵绵却又明白如话。"你问我回家的日期吗？唉，回家的日期哟，还没个准啊！"这一问一答，跌宕有致，感情饱满，羁旅之苦与不得归之愁，跃然纸上。其内涵是何等曲折，何等深婉，何等含蓄隽永，余味无穷。

大巴山泛指四川境内汉江支流经河谷以东地区。气候资料表明，四川各地的夜雨量普遍多于日雨量，夜雨率平均可达60％以上。由此可见，"四川多夜雨"之说是符合客观事实的。

但四川夜雨最多的地方还不在大巴山，而在盆地西部和西南部的边缘地区。如雅安、峨眉山、乐山等地的年平均夜雨率均超过70%，而荥经的年平均夜雨率更高，超过了80%，当之无愧地雄居全川之冠。

尽管大巴山所处的四川盆地东北部年平均夜雨率并不算太高，但从降水量上看，此区却是四川秋雨最多的地区，资料统计，这里的总降水量接近400毫米。若按其夜雨率折算，秋季至少也有200毫米的降水量。加之大巴山地区9月暴雨较多，在一场较大的暴雨后，"池"便会无一例外地"涨"起来。

四川多夜雨已成事实，那么，这究竟是什么原因形成的呢？据分析，还是与此地所处的地理位置与地形特点密切相关。

四川西接青藏高原，盆地四周又为群山所环抱，地形闭塞，气流不畅，终年空气均较潮湿，云多雾重。由于云层遮挡了部分太阳辐射，白天云下气温不易升高，对流不易发展。而入夜后，云层吸收了来自地面辐射的能量，反过来再以逆辐射的方式，把热量输送给地面，因此对地面有着较好的保暖作用，使夜间云下气温不致过低。而云层上部却辐射冷却迅速，易使水汽凝结。这种上冷下暖的不稳定气层，有利于夜雨的产生。

巴山夜雨是大自然对四川盆地的特殊恩赐，因为雨下在夜间，雨水蒸发少，被农作物有效利用比白昼多。尤其是夜雨昼晴，可使气温日较差增大，对植物的干物质积累有利。这得天独厚的自然条件，便使广袤的四川盆地获得了"天府之国"的美称。

雅安"雨漏"

"清风雅雨建昌月"。雅安多雨，古来闻名。大家知道，一个地方都有一个地方的特色，人们往往按照这个地方的特色，给它取一个寓意深长的雅号。比如，哈尔滨寒冷日数多，雅号"冰城"；广州常年花开，别名"花城"；昆

巴山夜雨的成因

明四季如春，谓之"春城"；拉萨因日照时数长而被誉为"日光城"。有趣的是，雅安的雅称却是因雨而得名，唤做"雨城"。

　　叫这样的名字是有来头的。首先，是因为这里降水日数多。一年365天，雅安雨雾笼罩的日子便有200多天，在降水特多的年份，还出现过254个雨日的奇迹。比起著名的"雨港"——我国台湾省的基隆市，雅安的年平均雨日还要多出4天呢！有人肯定觉得此问题不可思议，既然那里几乎天天下雨，人们如何生活、耕作呢？妙就妙在，雅安的雨日虽多，但有个特点就是夜雨多，往往是夜里下雨白天晴。夜里反正是休息睡觉的时间，下就下吧，不耽误白天干事就行。何况，雅安的雨也不是一年四季、三天两头地下，大多集中在秋季，如1962年的10月，一个月就下了29天之多。

其次，雅安不但雨日多，而且还有雨量大、雨势猛的特点。这里的年平均降水量约为1800毫米，其中80%的降水集中在夏半年，仅7月和8月的降水量就占了全年降水量的一半。所以每年夏季一过，正当川东抗御伏旱的时候，雅安却一反常态暴雨如注。

此外，雅安降水时数还非常长，全年降水量累积时数高达2319小时。拥有以上三个特点，"雨城"还不够名副其实吗？

雅安的"雨城"究竟是如何形成的呢？经气象工作者分析，认为主要有两方面原因：一是由当地自身所处的特殊位置所造就，二是别具一格的地理形状。

雅安的西侧，是世界屋脊青藏高原，而东面则是平畴千里的四川盆地。受高原下沉气流和盆地暖湿气流的交互影响，再加上从印度洋来的大量暖湿气流常被迫绕高原东移进入雅安境内，致使这里不但雨日多、雨时长，而且雨量大。

雅安有别具一格的地理形状。它的西面是高大雄伟的二郎山，西北方是险峻的夹金山，南部有大相岭横亘相向，只有东面一个出口。"喇叭"形的地势，造成东来的暖湿气流只能进不能出。一到夜间，四周山上的冷气流下沉，冷、暖气流一经交汇，雅安就只能"以泪洗面"了。

从雅安翻越二郎山就会发现：仅仅一山之隔，东坡和西坡的气候、地貌、植被、土壤等均大不相同。在东坡的山麓下，公路两旁草木葳蕤，原始森林郁郁葱葱，而天气不是霪雨霏霏，就是白雾茫茫。当汽车一翻过垭口，呈现眼前的便是另一番风景：蓝天白云，清风送爽，艳阳高照。

雨城天漏，是大自然造就的独特奇观，全球独一无二。

"雨城"雅安的成因

吐鲁番"魔鬼雨"

地域广阔的新疆维吾尔自治区，不仅有丰富的物产和独特的民族风情，更有许多奇异景观，如风光绮丽的天池和闻名遐迩的魔鬼城。你可曾知道，在绿洲吐鲁番地区，还有一种让人称奇的"魔鬼雨"呢！

通常的雨，都是天上有云见雨，或是地上有雨见湿。而吐鲁番的雨可就奇怪了，虽然天上浓云翻滚，间有电闪雷鸣，空中也能见到闪亮的雨丝，可地面上却仍然尘土飞扬，滴雨不见。但你要是举手在空中左右晃动，却能实实在在触摸到雨丝，感觉到凉意，十分怪异。于是，这里的人便称这种现象为"魔鬼雨"。

当地一些迷信鬼神的人，每遇到"魔鬼雨"便十分惊慌，他们说老天爷降的雨，都被看不见身影的魔鬼给吸走了。于是，便有许许多多离奇的故事在民间流传。

其实，吐鲁番的"魔鬼雨"根本不是什么魔鬼造成的，而是在一定的特殊气象条件下发生的一种特殊的天气现象。

吐鲁番地区气候干燥，暑热季节气温可达47.5 ℃。据气候专家林之光先生实地观测，吐鲁番艾丁湖底海拔–150米高度的观测点上，出现了49.7 ℃的最高温度记录。地表面的温度更高，能超过75 ℃甚至达到80 ℃。吐鲁番地区全年的降水量只有16毫米左右，而蒸发量竟达3000多毫米，是降水量的200多倍。如此干热的地表，生鸡蛋也能烤熟。而雨滴的蒸发量同空气湿度、云底高度和雨滴大小有关，如果云底较高，云下的空气干燥，云中产生的雨滴又比较小时，雨滴脱离云底之后，还不到地面就被云下不饱和空气蒸发掉了。

高悬的雨幡

　　其实，这种"魔鬼雨"就是气象学中常说的"雨幡"。《辞海》中就有明确的解释，说雨幡是"悬挂在云层下的雨丝现象，因雨滴未达地面即在空中蒸发所致"。这种"雨幡"在我国北方许多地方均有发生，只是没有吐鲁番典型罢了。"雨幡"一般高悬空中，人是摸不到的，而吐鲁番的"雨幡"人却可以用手触摸到，并感到凉意，这倒是比较奇特的。可能是下降的雨滴比较大，以致到快接近地面时才完全蒸发完所致。

碧罗山"枪击雨"

云南有座碧罗山，碧罗山有个子里湖。1978年6月的一天，这里发生了一件奇怪的事。

上午11时许，中国科学院昆明动物研究所一行十几个人，正在这里野外考察。尽管是低纬高原，热浪仍然蒸得人汗流浃背。临近中午，大家又热又饿，科考队员们收拾好行装，准备回宿营地吃午饭。

忽然，从树丛中跑出一个黄羊似的小动物，一蹦一跳，时隐时现。

"梅花鹿！"有人喊。

"不，是麂子。"有人更正。

因为距离太远，看不真切，几个人争论不休。

"呼！"有人开了一枪，小动物应声倒地。

科考队员们忘记了饥饿和疲乏，一时精神大振。几个心急的年轻人已经冲下山坡，向倒地的小动物奔去。

没错，是麂子。当他们扛着猎物从山坡上走来时，奇迹发生了。刚才还是好端端的天气，却突然间翻了脸，弥天大雾像黑压压的幕障，把天地裹得咫尺不辨。紧接着狂风呼啸，暴雨劈面泼来。科考人员全都迷了路。直到午后4点多，一个个才像落汤鸡一样找到了驻地。

半个月后，他们第二次登上碧罗山，这一次换在维马湖畔宿营。天黑前，他们为了采集鱼类标本，便用炸药在湖里炸鱼。"轰！轰！"几声爆炸过后，竟又像上次那样，招来了狂风暴雨。好在这次他们都在宿营地，未受雨淋之苦。

又过了半个月，他们选择一个晴朗少云的天气，宿营在碧罗山提巴比石湖边。幸运的是，又一次遇见了麂子。糟糕的是，连打了几枪都没有击中。不幸的是，他们再次遭到了狂风暴雨的袭击。

三次因枪击或爆炸引来的暴雨，使他们百思不得其解。

碧罗山海拔3500～4600米，山上有大小不等的湖泊几十个。这里四季界限不明显，分为干季和湿季，11月至来年5月为干季，5月至当年11月为湿季。以上3次枪击或爆炸引来的大雾、大风或大雨的事，全是在湿季发生的。据当地人介绍，在干季，即使枪声震天，也招不来大风和暴雨。

科学家对这些能够"呼风唤雨"的湖泊进行了研究，认为这种现象与当地的地形和特殊气候条件有关。湖区湿季里高温、高湿，但湖水却源自山顶雪水，温度极低，从而在湖面上保持了一个低温层。由于这些湖泊处于山谷洼地，平时很少有风的扰动，能使湖面的低温层与上空的高温、高湿空气层保持极不稳定的平衡，一旦有外界的声浪冲击，就会导致上、下空气层的剧烈对流，造成猛烈的狂风。湿度大的空气遇到冷空气又迅速凝结成水滴，于是便产生了大雨。

第二次世界大战时就曾发生过这样一件事：在一座地形复杂的山区，两军正在进行恶战前的苦苦等待。此时，天上浓云翻滚，地上热浪袭人。为了争取主动，一方指挥官果断下令吹响了冲锋号。一瞬间枪声大作，炮声隆隆。眼看着就要进入白刃肉搏了，猛然间狂风大作，电闪雷鸣，紧接着倾盆大雨自天而降，密密的雨线像鞭子一样，打得人睁不开眼睛。加之山洪暴发，急流哗哗顺山谷冲下来。作战双方命都顾不住了，哪里还有心思战斗？一场你死我活的激战，就这样被风雨平息了。

巴拉"报时雨"

生活中不能没有时间。时间对于地球上的每个人，可谓息息相关。自古以来，人们为了计时，想了很多办法，中国和埃及出土的"漏壶"便是典型的例子。

传说滴漏计时在黄帝时即已出现。《周礼·夏官》有"挈壶氏"记载，可知在周代已经有了漏壶。而到春秋时期，漏壶的使用已很普遍。尽管这种东西计时并不算太精确，但也不是家家户户能够用得上的，只有宫廷内和达官贵人家中才有享用的资格。因没有更好的办法代替，故一直使用到了明代。万历二十八年（公元1600年），意大利

传教士利玛窦来中国传教，才把计时准确的钟表传入中国，从此以后，漏壶完成了历史使命，废弃不用。

生活在农村的广大农民，在钟表被广泛使用之前，只能根据太阳、月亮、星星东升西落的程度和鸡叫声粗略估算时间。

然而，在南美洲巴西一个叫巴拉的城市，计时就省事多了。那里有个很有趣的现象：不但每天都要下几场雨，而且这几场雨下得还非常守时。所以当地居民计算时间，既不用钟表，也不靠太阳，只要知道第几场雨就行了。如约定见面时间，不是说上午几点钟或下午几点钟，而是说上午第几场雨后或下午第几场雨前。

这是什么原因呢？

原来巴拉靠近赤道，太阳辐射强，天气很少有什么变化。即使在一天之内，天气变化也都很有规律。就拿雅加达来说吧，每天清晨总是霞光灿烂，晴空万里，而一到中午12点左右，积云发展，高耸如山，瞬时间，浓云如墨，闷热异常。到了下午两三点，雷声隆隆，大雨倾盆。四五点钟后，雨过天晴，凉风送爽，空气显得格外清新。到了夜晚，天空和地面间的空气对流运动大为减弱，云层消散，碧空如洗，闪闪烁烁的星斗缀满夜空。热带城市的天气，就是这样有规律地变化着，难怪有人把这些地方的雨叫做"报时雨"了。

无独有偶，在印度尼西亚爪哇岛的土隆加贡地区，每天都有两场准时降临的大雨，一次是下午3点左右，另一次则在下午5点30分左右。当地小学下午上、下学都不用时钟报时，而是把两次下雨时间作为上课和放学的时间。

还有一处降雨奇特的地方在美国宾夕法尼亚州的韦恩思堡，每年7月29日都会下雨，从不失约。即使前一天是万里无云，烈日当空，可一到这天，雨水就会从天而降。所以，当地人就把7月29日确定为"降雨日"。

怪 雨

怪雨猎奇

青蛙雨　1983年5月11日午后，河南桐柏县彭庄村，村民有的在吃午饭，有的刚刚放下碗。突然，老天爷翻了脸，刮起了七八级大风，天昏地暗，雷雨交加。令人惊惧的事情是，从浓黑的云层里，竟落下无数只黑褐色的小青蛙。

鱼雨　1981年8月某天夜里，河南林县（现林州市）南部距县城十几千米的小店乡盘峪村等地下过一场奇雨，不过不是青蛙而是小鱼。天明后，村周围山坡上到处都发现有鱼，有人拣到几十条。普查资料显示，鱼雨现象世界各地多有发生。

1861年6月22日，新加坡下了一场鱼雨，当时一位法国科学家目睹了这一奇观。事后他描述说：我住在一个四周由石墙围起来的住宅里，一场暴风雨接连下了三天。第四天太阳露面后，我发现许多马来西亚人和华人正在我住宅区

鱼雨

一个水池里捡鱼。我问："这么多鱼是从哪儿来的?"他们指了指天幽默地说："老天爷送来的。"

1907年底，瑞士下了一场鱼雨，时间长达1小时之久。当地人把捡到的鱼秤了一下，足足有12吨。

泥鳅雨 此事在现有记载中至少已有过两次：一次发生在黑龙江，另一次发生在辽宁。1984年8月6日下午，距黑龙江逊克县20多千米的干汊子区东升村下了一场雷阵雨，雨中带了冰雹和泥鳅。雨停后，路上和场院里到处都是活蹦乱跳的泥鳅，孩子们纷纷用脸盆装，满村的鹅、鸭也都跑出来争食。1992年7月20日上午10时许，辽宁营口黄土岭乡大木峪村降了一场泥鳅雨，泥鳅10~20厘米长，总量大约150千克。

虾雨 19世纪初，丹麦的一次虾雨，足足下了20分钟。大雨过后，地上铺满了活虾。

鸭雨 1990年7月29日下午3时许，湖南益阳地区的南县沙岗乡八一村，在一场狂风暴雨中，从天上落下来170多只鸭子。这些鸭子有的落地后乱滚几下，竟站起来抖抖翅膀呱呱鸣叫；有的随着强风随雨扑打在房屋的墙壁上，因风力的顶托，五六分钟后才滚落到地上。

麻雀雨 1962年，湖南省安化县梅城镇下了一场麻雀雨，几万只麻雀从天而降。雨后，人们在城内一所中学的操场上，居然拾到了6箩筐死麻雀。

黑豆雨 1971年1月28日晚，江苏省阜宁、盐城、射阳等县，同时下了一场大面积黑豆雨。

银币雨 1940年6月17日下午，苏联高尔基省巴甫洛夫区米西里村，突然一声霹雳，在蓝色的闪光中，一串串金光闪闪的古钱币从雨幕中降落下来，屋顶被砸得叮当作响。原来，这是16世纪末期俄国伊凡五世的银币，仅当地博物馆就收到人们送来的银币数千枚。

揭开怪雨之谜

天上为什么会下"怪雨"？是谁导演的这一幕幕闹剧？

下雨，本来是很普通的一种自然现象，而一旦从天上降下来的不仅仅是雨，还夹杂了其他东西，如钱币、五谷或小动物等，老百姓就该瞠目结舌了。这在科学不发达的古代，往往同国家兴衰、帝王生死等封建迷信观念联系在一起。

我国古人曾揭开过怪雨的谜底，认为所有的"怪雨"都是由"奇风"引起的，这种奇风，古代称之谓"回风"。明代《管窥辑要》一书，就引用了唐代天文学家李淳风的话："回风卒起，而圜转扶摇，有如羊角，向上轮转，有自上而下者，或磨地而起者，总谓之回风。"

最早解释"怪雨"现象的，是我国东汉时期的唯物主义哲学家王充（公元27年—约97年）。他在《论衡》一书中对建武三十一年（公元55年）发生在河南陈留郡一带的"谷雨"提出了精辟见解："此事或夷狄之地，生出此谷……成熟垂委于地，遭疾风暴起，吹扬与之俱飞，风衰谷集，坠于中国，中国见之，谓之雨谷。"用现在的白话文解释就是：国外什么地方生长的谷子，成熟以后还没有来得及收割，便被风暴吹跑了。这风暴一直将谷子吹到中国来，由于风势减弱，谷子便降落下来，被人们当成了"天降的谷子"。这种见解既唯物又合理，从宏观上说透了"怪雨"现象的实质。

其实"怪雨"不怪，现在人们弄清了，原来这是大气运动的综合结果，是自然界中出现的小概率事件。具体说来，它们大部分是龙卷捣的鬼。

龙卷是一种小范围的强烈旋风，从外观上看是从积雨云底下垂到地面的像大象鼻子似的长管。由于管中空气高速旋转，离心力极大，因此内部气压极低（甚至只有正常气压的30%～40%，而世界最强台风中心气压是正常气压的87%），因此吸力极强。龙卷可以把陆地上的尘土、沙粒甚至重物卷到空中，也可以把江湖、海洋中的水连同水里的鱼、虾吸上天空，然后随雨降下。这就是龙卷所经之处，地面物体纷纷上天的原因。

不但这样，龙卷甚至可以掘开地面，把埋藏在地表以下的古钱币和粮食吸上天空，还可以把所经之处的塘水吸干，把其中的鱼、虾、蟹、蛙等动物一起卷到空中。这些动物上天后随龙卷前进，一旦龙卷势力减弱，便不由自主地降落到地面上，形成形形色色的怪雨。

在我国古籍中，不乏关于怪雨的记载。《竹书纪年》载："夏禹八年（距今3700多年前）夏六月，雨金于夏邑。"南朝（梁）文学家任昉在《述异记》中记载："周成王时，咸阳雨金。"另据《宋史》记载："绍兴二年七月，天雨钱。"明代的《稗史汇编》中也说："成化丁酉六月九日，京师大雨，雨中往往得钱。"

至此，再看这些"怪雨"，也就见怪不怪了。

雪花飘飘

降雪的奥秘

雪里吟诵咏雪诗

雪是自然界里一种美丽的风景。造物主那样慷慨地把雪花赐予了冬天，使冬天于苍凉中有了生气。因为有了雪，那凛冽的寒冬才多了几许温馨；因为有了雪，那漫长的季节才让人回味无穷。

对于孩子们来说，冬季最大的乐趣莫不过赏雪了。每当雪花飘飞的日子，总引得他们心驰神往，壮壮和静静当然也不例外。

这是一个飘雪的日子，辅导员田老师索性带着班里的几位小气象爱好者走出教室，去市郊感受下雪的气氛。雪花飘下来，落进了脖领里，有点痒痒的感觉。

生活在北方的人，哪一年不幸运地饱览几次大雪从天而降的壮观呢！那纷纷扬扬的大雪团，飘飘洒洒、呼朋结伴扑向大地的怀抱，不多时，山川尽染，银装素裹，把壮丽的北国，打扮得妖娆多姿。

孩子们站在雪地里，小脸蛋冻得红扑扑的，可每个人却莫名地兴奋。田老师说："当看到翩翩的雪花从天而降的时候，你们都想点什么呢？"

"打雪仗，堆雪人。"一个胖胖的男孩说，大家都笑了。

"雪能净化空气。"壮壮说。

"瑞雪兆丰年。"静静说。

田老师微笑着点点头："你们说得都不错。雪是人类的好朋友，几千年前，我们的祖先就对雪有了很深的感情，赞叹雪的诗画文字不胜枚举。

北风卷地白草折，胡天八月即飞雪。

忽如一夜春风来，千树万树梨花开。

——节选自 唐·岑参《白雪歌送武判官归京》

"这是唐代诗人岑参的咏雪佳作。在这里，诗人把雪比喻为春天的梨花，真是诗情画意，盎然欲出。

千山鸟飞绝，万径人踪灭。

孤舟蓑笠翁，独钓寒江雪。

——唐·柳宗元《江雪》

"唐代诗人柳宗元用下雪时的幽静来衬托老渔翁孤单寂寞的心情，意境幽远。

"宋代诗人张元还有一首著名的咏雪诗，生动地写出了雪花漫天飞舞的情景。你们有谁能背出来？"

这一来，喜欢踊跃发言的壮壮不吭声了，几位爱好古诗词的同学，也把目光投到静静身上。

静静说："是'战罢玉龙三百万，败鳞残甲漫天飞'吗？"

田老师高兴地点点头，对静静的回答表示满意。他说："是的。他的原诗是这样写的——

五丁仗剑决云霓，直取银河下帝畿。

战死玉龙三十万，败鳞风卷满天飞。

——宋·张元《雪》

"诗中将雪花形容为龙的鳞甲，不仅十分形象，而且极有新意，极有气势。这里，我给大家讲一则与雪有关的小故事。

"1600多年前的东晋时代，宰相谢安和几个孩子围坐在一起欣赏雪景。屋里炉火熔熔，窗外白雪飘飘。谢安一时灵机触动，向孩子们发问：'白雪纷纷何所似？'一个男孩接口说：'撒盐空中差可拟。'宰相笑而不语。这时，一个十来岁的女孩子想了想，说道：'未若柳絮因风起。'好个'柳絮因风起'，回答得太妙了，不仅把风中雪花洁白的颜色形象地作了比喻，而且把雪花那轻盈飘逸的姿态活灵活现地表现出来了。谢安满意地频频点头，其他孩子也拍手叫好。这个女孩是谁呢？原来，她就是谢安的侄女谢道韫。谢道韫后来成为晋代名列第一的女诗人。"

《辞海》载：谢道韫，东晋诗人，陈郡阳夏（今河南太康）人。谢安侄女，王凝之妻。聪慧有才辩，世称"咏絮才"。可见传言非虚也。

谢道韫以其幼小的年纪、敏锐的才思赢得了诗坛盛誉。然而，她却未必知道：柳絮般的雪花竟都是由一个个形状多端、美丽异常的冰晶组成的呢！

别忘了韩婴

面对雪花，拿出我们的放大镜，一幅幅奇妙的图案便呈现眼前。星星一样的小雪花在镜片下抖动、闪光，它们有的像盛开的牡丹，有的如傲霜的腊梅，有的似杈丫的鹿角，有的又像向六个方向张开的六把小扇子，真是形形色色，美不胜收，令人眼花缭乱。大自然以其绝妙的神力，雕琢出这么精致的艺术珍品，不能不令人叹服。就是让天才的图案画家和雕塑家看了，怕都要羡慕不已呢！

别忙，再细心观察一番，我们便可以进一步发现，不管这些雪花如何的奇妙多姿，它们都有一个共同的特点——基本形状多呈六角形。

就是这极其简单的事情，发现并认定它却经历了十分漫长的过程。

100多年前，当冰川学还在摇篮里嗷嗷待哺的时候，冰川学家们便开始详细地描述雪花的形状了。他们在欧洲罗札峰上观察后留下了这样的记载："这些雪花，全是由小冰晶组成，每一颗小冰晶都有六片花瓣，有些花瓣像山苏花一样放出小侧舌，有些是圆形的，有些是箭形或锯齿形的，有些是完整的，有些又呈格状，但都没有超出六瓣形的范围。"

缤纷的雪花图案

截至目前，人们已经找到了2万多种不同的雪花图案，但还远远不能包括雪花的全部，而且很难找到两朵图案完全相同的雪花。

说来令人难以置信，世界上最早发现雪花是六角形的并不是外国人。是谁呢？是我国西汉时代的韩婴。

史书载，韩婴（约公元前200年—公元前130年），燕（今北京）人，西汉文、景、武三帝时为官，文帝时任博士，景帝时官至常山太傅。他是当时著名的儒学学者，讲学授徒写成很多著作，其中有《韩故》《韩诗内传》《韩诗外传》《韩说》等。韩婴讲授、注释《内经》有许多独到之处，与辕固生的"齐诗"、申培的"鲁诗"并称"三家诗"。

韩婴肖像

然而，韩婴的文学成就却被他在科学上的伟大发现湮没了。后人认为，他最大的贡献并不在诗文上，而在于他在世界上第一个发现了雪花的基本形状是六角形。他在《韩诗外传》中明确指出："凡草木花多五出，雪花独六出。"翻译成现代白话就是：花草树木开的花，多为五个花瓣，而天上降落的雪花，却独为六个"花瓣"。

这个发现实在是太了不起了，比德国天文学家刻卜勒记述雪花是六角形的要早1700年呢！韩婴，在探索大自然奥秘的科学殿堂里，为中国人赢得了荣誉。

现在想证明雪花六角形甚为方便，只要耐得起寒冷，拿一个放大镜就能看明白。若想进一步看仔细，借助显微镜和照相机，就可以把雪花的形状拍下来。但在2100多年前的古代，可就没有这么容易了。那时候不但没有照相机和显微镜，连简易的放大镜也没有。一个在官场上日理万机的学问家，要在凛冽的大雪天，离开温暖的署衙，冒着纷纷扬扬的大雪去肉眼观察，这种探索大自然奥秘的精神和一丝不苟的治学风格，是多么难能可贵啊！

中国科学院北京天文台张超先生近几年致力于雪花显微拍摄，收获颇丰。以下5幅精美的雪花图片，让大家饱饱眼福。

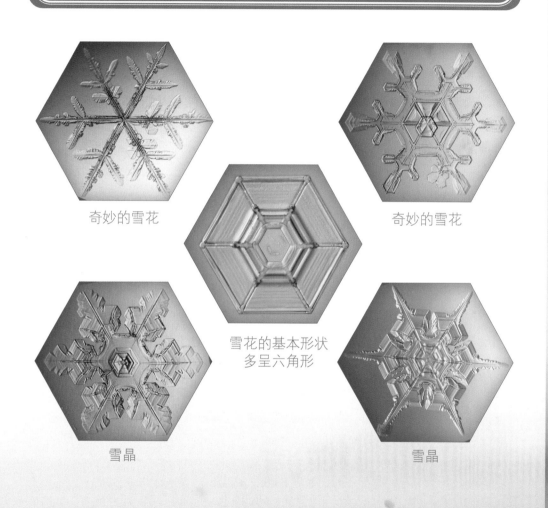

奇妙的雪花

奇妙的雪花

雪花的基本形状
多呈六角形

雪晶

雪晶

鹅毛大雪是寒冷的标志吗？

不知你注意过没有，在一些文学作品中，只要一描写到天气寒冷，总爱用"鹅毛大雪"来形容。

在著名古典小说《西游记》第四十八回《魔弄寒风飘大雪，僧思拜佛履层冰》中，就有一段关于大雪的精彩描写："好雪！柳絮漫桥，梨花盖舍。柳絮漫桥，桥边渔叟挂蓑衣；梨花盖舍，舍下野翁煨榾柮。客子难沽酒，苍头苦觅梅。洒洒潇潇裁蝶翅，飘飘荡荡剪鹅衣。团团滚滚随风势，迭迭层层道路迷。"其中的柳絮、梨花、蝶翅、鹅衣等，均是描写雪团之大的，显示出作者深厚的文学底蕴。

而就是这样的鹅毛大雪天气，竟将诺宽的一条通天河给冻得"王祥卧，光武渡，一夜溪桥连底固。曲沼结棱层，深渊重迭冱。通天阔水更无波，皎洁冰漫如陆路"。

其实，这种描写是不符合客观事实的。

《西游记》的作者是文学大师，但并不是科学家。他写出了大雪天洒洒潇潇、飘飘荡荡、团团滚滚、迭迭层层的气势，但没有抓住严寒天气的精髓。

雪天的冷，并不以雪花大为标志。恰恰相反，越是冷的天，雪花的形体越小。这是因为，雪花晶体的大小，完全取决于水汽凝华结晶时的温度状况。

经实际观测，天气越冷，雪花晶体越小。在十分严寒时形成的雪花晶体，肉眼几乎看不见，只有在阳光下闪烁时，我们才能发现它像金刚石粉似的存在着。这种被誉为"钻石尘"的雪花晶体，其直径往往不到0.05毫米。在高纬度地区的严冬天气里，通常降的就是这种雪花晶体。

随着温度升高，雪花晶体才会有所增大。

有位科学家为了研究温度对雪花晶体大小的影响，找出确切的数据，冒着极度严寒，在北冰洋斯匹茨卑尔根群岛上待了一些日子。经详细观测、分析大量数据后，得出了如下结论：当气温为-36 ℃时，雪花晶体的平均面积是0.017平方毫米；气温为-24 ℃时，雪花晶体的平均面积是0.034平方毫米；气温为-18 ℃时，雪花晶体的平均面积为0.084平方毫米；气温为-6 ℃时，雪花晶体的平均面积为0.256平方毫米；当气温升高到-3 ℃时，雪花晶体的平均面积便增大到0.811平方毫米。

这就足以说明，雪花晶体平均面积大小与天气的严寒程度成反比。天气越寒冷，雪花晶体的平均面积越小。随着温度升高，雪花晶体的平均面积便慢慢变大了。

不但如此，温度对雪花的形状也有很大影响。温度在-25 ℃以下时，雪花的形状多为主轴发育的六棱柱状。温度在-25～-15 ℃时，雪花晶体大多是六角形雪片。只有温度为-15 ℃以上时，才能形成六角形的美丽雪花。

我们见到的从天空中降落的单个雪花，其直径一般只有0.5～3.0毫米。这样微小的雪花，只有在极精确的分析天平上，才能够称出质量，3000～10 000颗雪花加到一起，才仅有1克重。

唐僧师徒在通天河边看到了如"柳絮""梨花""蝶翅"和"鹅衣"般的雪花，说明空气温度在0 ℃上下。这样的温度，通天河是不会冻结的。

为什么降雪不冷融雪冷？

我国广大地区有一句民谚，叫做"下雪不冷融雪冷"。意思是，下雪的时候感觉不到特别的寒意，而在融雪的时候，才能体会到刺骨严寒的滋味。

对于这句谚语，壮壮和静静有深刻体会。

那天和田老师出来赏雪，大家都穿着羽绒服，尽管站在雪地里，却没有一点儿寒风刺骨的感觉。到了星期天，天放晴了，白白的积雪经太阳一照射，那景色别提有多漂亮了。静静从家里带了一部照相机，约了壮壮和好几位同学出来拍雪景。虽然阳光普照，但手指头冻得生疼，拍几张照片，就得赶紧把手伸进口袋里暖一暖。

壮壮说："这也太奇怪了吧！那天下着雪，天阴沉沉的，都不感觉寒冷。今天大太阳照着，为什么会冻得手指头发麻呢？"

静静说："看来这里边还真有不少奥妙呢！"

第二天，他们迫不及待地向田老师提出了这个问题。

田老师说，这是个看似简单其实有点抽象的问题。大家都知道，下雪是由寒潮引起的。在寒潮来临前，南方暖湿气流一般很活跃，因此，天气会短暂地呈现出暖意。而水汽凝华为雪花，是要释放出一定热量的，这是下雪时温度不会降得太低的一个原因。加之下雪时，天空往往浓云密布，像一层厚厚的"棉被"遮盖着大地，能有效地阻止地面热量向空中散失，这是下雪时温度不会降得太低的第二个原因。还有，降雪时地面上一般为低气压系统控制，上空又往往受到逆温层的覆盖，地面即使向空中散发热量，也会被逆温层给挡回来，这逆温层便成了第二层"保温被"。因为以上这些原因，就会使人感觉下雪前及下雪时的天气并不是特别寒冷。

在寒潮过境后，云消雪止，天气会变得晴朗起来。由于天空失去了云层屏障的遮盖，地面就向外放出大量的热量，使温度降得很低，一般要比降雪时低

4～6 ℃，有时甚至降低10 ℃以上。加之积雪在阳光照射下融化，融化时会吸收大量的热量，所以人们就感觉融雪天气要比下雪天气冷得多。

当然，事情总是一分为二的，并非所有的降雪天气都是下雪不冷融雪冷。有时候，举目望去，天空似乎看不到云影，但在小北风的吹送下，竟会从空中飘落下细碎的小小雪花来。这种现象，就是我们在前面提到过的"钻石尘"的雪花晶体。这种雪花晶体肉眼几乎看不见，只有在阳光下闪烁时，才能发现它的存在。这种现象，北方人称之为"飘清雪"，天气会奇冷无比。这是因为，每当天空"无云"而降下细碎的小雪花时，都与当地强冷空气过境有关。空中湿度大，水汽遇冷后便凝结成松脆、单一的小雪花，随下沉气流缓慢飘落。这种天气特别寒冷，稍不留意，人畜极易遭受冻伤。

雪家族及其他

雪家族

隆冬的北国，除了降雪外，天空有时还会落下奇形怪状的固态结晶体，这些固态结晶体都属于雪家族的成员。由于形态各异，因而常引起人们美好的遐想。

冰针　顾名思义，冰针是像绣花针一样非常微小但却透明的冰的结晶体，是在温度极低、水汽稀少的环境条件下，由漂浮在空中的水汽直接凝华而成。它可以下降到地面，有太阳时往往闪烁发光，宛如美丽的白衣公主降临人间。冰针多出现在高纬度和高原地区的严冬季节，有时可形成**日柱**或其他晕的现象。冰针对空军及民航飞行有一定影响。

米雪　冬季常见的粒状或杆状的白色、乳白色小雪粒，不透明，形成于较稳定的层状云或雾中，其直径一般小于1毫米，落在地面或坚硬物体上不反跳。由于重力作用，当小冰晶在云层中漂浮不定时，降落下来又与下面的湿空气发生凝结变大而形成。

霰（xiàn）　它和米雪比较相似，多呈白色或乳白色不透明圆锥形雪粒，有人称它们为孪生兄弟，只是霰的个头比米雪稍大，直径为2～5毫米，且松脆易压碎，着硬地时反跳，容易破裂。通常在温度接近0 ℃时降落，常见于下雪前或与雪同时降落。若在春天发生，往往短促而带阵性。霰一般产生在比较厚的不稳定积状云中，主要靠云中乱流和升降气流的作用，使冰晶与过冷水滴反复碰撞、冻结变大而形成。

冰粒　冰粒是一种微小、坚硬、完全透明的丸状或不规则的固态降水的小冰粒，直径一般小于5毫米，着硬地时反跳。冰粒是雨滴在下降过程中，经过低层0 ℃以下冷空气时冻结或雪花在空中大部分融化后再冻结而成。冰粒与冰雹不同，没有白色不透明的核。有时冰粒的坚硬外壳内，还有残存的未冻结的水。

这类冰粒落地时，往往会摔得粉身碎骨。有人将它称为霰和米雪的大哥哥，说它们三兄弟同为一母所生，这种说法倒也不算夸张。

星状雪晶　星状雪晶呈片状且多为六角形，形成时的天气特点与产生冰针的天气特点相似，但与冰针的体形大不一样，极薄而且透明。当它身披洁白的玉衣缓缓下落时，天空便呈现出五彩缤纷的美景，难怪人们赞美它是雪花王国的美丽"皇后"。

冰晶柱　这是一种在空中未分岔的针状、柱状、片状冰晶，体积微小，质量极小，因此常悬浮于空中。神秘的是，它不但会从云中降下来，有时还会从无云的天空飘飘降落。于是，有人便称其为"神秘的天外来客"。

冰雾　又称冰晶雾，是由冰晶构成的雾。常见于气候寒冷地区的冬季，近地气层温度降到远低于0 ℃，使其中水汽凝华所致。

冰丸　由透明或半透明的小冰粒组成的降水，呈球形或不规则形状，偶而呈锥形，其直径为5毫米或更小。冰丸分为两种类型：一种是冻结的雨滴或大部分融化并再冻结的雪花；另一种是米雪包上一层薄冰，这层冰由米雪在下落时获得的水滴冻结而成，或由米雪部分融化后再冻结而成。

雪的量级

雪同雨一样，也有小、中、大之分。

天气预报中的"小雪"，指降雪强度较小的雪，下雪时水平能见距离等于或大于1000米，24小时内降雪量（融化后）为0.1～2.4毫米。"中雪"，一般指降雪强度中等的雪，下雪时水平能见距离在500～1000米，地面积雪形成较快，24小时内降雪量（融化后）为2.5～4.9毫米。"大雪"，是指下雪时能见度很差，水平能见距离小于500米，地面积雪形成很快，24小时内降雪量（融化后）在5.0～9.9毫米。此外，还有暴雪、大暴雪和特大暴雪。

如果有降雪而没有形成积雪，一般称之为"零星小雪"，记作一个降雪日。

有时候，天气预报无法明确界定小雪、中雪或大雪的量级，便会使用"小到中雪"或"中到大雪"等较笼统的用语。这时候就应该把"小到中雪"理解为，下雪时强度介于小雪和中雪之间，比小雪略大但又未达到中雪的标准。"中到大雪"则指下雪的强度介于中雪和大雪之间，积雪深度达不到5厘米。

我们还可以听到"雨夹雪"的术语，指的是雪花和雨同时降落，或雪花在降落过程中开始融化，形成半融化的雪。当然有时也有这种现象：天空一会儿下雨，一会儿下雪。"雨夹雪"是它的标准称呼，而"雨加雪"的说法是不规范的。

不管是冬天降雪，还是夏季降雨、降冰雹，气象部门统统称其为"降水现象"。天空所降的雨或雪的多少，又统称为"降水量"。

降水现象有自己的规律和特性，这就是天气预报中经常提到的"连续性、间歇性和阵性雨或雪"。连续性降水持续时间长，强度变化小；间歇性降水则是时降时止或时大时小，但变化都很缓慢；阵性降水强度变化很快，骤降骤止，天空时而昏暗，时而部分明亮开朗。

《天气预报》节目中，电视画面经常出现雨夹雪、小雪、中雪、大到暴雪等图形符号，在此附出部分与雪有关的图形符号，供参考。

雨夹雪　　　小雪　　　中雪　　　大雪　　　暴雪

《天气预报》中与雪相关的符号

观云识雪

我国民间总结有观云识雪的丰富经验。这里先说说什么样的云会造成降雪天气。

冬季的早晨，如果西北天空有雨层云、高层云并逐渐东移而布满天空，加之云底较低、云层很厚且呈均匀幕状；云的底部呈灰色且较阴暗，不能辨别日、月位置；远看云下有雪幡，但悬在半空中不接触地面。若出现这些云，则是下雪的征兆。

人们常说："云是天气变化的招牌。"自古以来，我国劳动人民在生产和生活实践中就注意观云测天，总结了许多丰富的观云识雪的宝贵经验。

太阳终年直射在地球南北回归线之间，大部分的辐射热量都集中在赤道附近，于是被加热的空气就形成了强烈的上升运动。而在南、北两极，整个冬季见不到太阳，夏季虽阳光终日照射，但因角度太小，这些地区得到的太阳辐射能量仍很微弱，于是那里便形成了天然的大冷库。凡流经那里的空气，温度便会慢慢降低，致使地球出现了永恒的温度差，即两极非常冷，赤道非常热。极地由于大量冷空气不断下沉，高空空气减少，气压变低；赤道地域则受热膨胀，空气密度变小，气压增高。这样，在两极的高空是一个"永久性"的冷低气压区，赤道上空则是一个"永久性"的暖高气压区，使两地气压差悬殊。

空气总是从高气压区流向低气压区，空气的这种流动即是风的成因。由于地球自转总是自西向东，空气受到**地转偏向力**和摩擦力的作用，在向极地流动过程中，北半球便发生了向右偏转的现象。这样，在北半球中纬度地带，高空

层积云

大风就发生转向，由西向东吹来，气象上称之为"高空西风带"。又由于天气系统往往是伴随着大气环流方向移动的，因此，风、云、雨、雪等天气系统也随之产生了自西向东的运动规律。"西北浓云密，有雪在夜里"的天气谚语，说的就是雨雪多西来，要不了多长时间，降雪天气将移到本地。

　　间歇性降雪来自层积云中，这种云的外貌特征是：云体呈块状、片状或条状；云块有时聚集成群排列成行，宛如大海中的波涛；云层各部分透明程度差别很大，薄的部分可见日月轮廓，厚的部分辨不出日月位置；有时伴有华或

层云

晕。这种云一旦出现在天顶，将会有时下时停的小雪光临。

阵性降雪常由浓积云发展而来，这种云的特征是：云体臃肿庞大，云顶高可达1.2万米，云底混乱且呈土黄色或铅褐色；当云顶呈紫色时，阵性降雪便会来临。

米雪、冰粒常出现在天空布满层云时，这种云比较好识别，其特征是：云层低而均匀，云底呈灰色幕状，像雾，但不与地面接触；常笼罩山顶和高大建筑物，这种云一旦出现，米雪、冰粒将至。

雪，人类的朋友

雪乡醉人

我国东北地区，有两大出人意料的气象景观火遍了全国，一是吉林省吉林市松花江沿岸的雾凇，二是黑龙江省海林市双峰林场的"雪乡"。

雾凇不是今天的主题，雪乡，才是我们津津乐道的重点。每年10月，当山外还在忙于秋收的时候，这里却已经飘起了鹅毛大雪。仅此一点不足为奇，奇就奇在大雪要一直飘到第二年的阳春三月。飘落的大雪经久不化，一层层堆积起来，最深处超过2米，雪期可长达7个月。

美丽雪乡

双峰林场地理位置偏僻，位于黑龙江省的东南部，属于长白山支脉张广才岭原始森林腹地，海拔高度1450多米。之所以称之为雪乡，是因为这里不但降雪天数多，而且降雪量特别大，积雪时间特别长。这里的人以前日子极为单调，一年至少有7个月生活在冰天雪地之中。每天打开房门，放眼望去，不是洒洒潇潇的飘雪，就是一望无际的积雪。在这样的环境里，连飞鸟都很少看到，想找人"唠唠嗑儿"都成了奢望。但他们做梦也没有想到，这交通闭塞、冰天雪地的地方，居然会成为中外闻名的著名风景区。正应了那句古话："久居芝兰之室不闻其香。"

雪乡的发现很偶然。20世纪80年代，外地一位摄影家来这里采风，无意间被小村落别样的景观所吸引。其中一张命名为《雪乡》的照片，成全他获了大奖。从此以后，叫了几十年的双峰林场就此改名为雪乡。

门一打开，客人就多了。北方的，南方的，甚至不乏外国的。有男的，有女的，有老人，有孩子，但大多是脖子上挂着"长枪短炮"的摄影家和摄影爱好者。看到这样的风景，人的眼睛就直了，于是便顾不得寒冷，"咔嚓咔嚓"忙活起来。

拍照的人多了，雪景照片也多了，照片的内容也越发丰富起来。从这千姿百态的摄影作品中，我们感受到了雪乡的内在美。这种美，带点粗犷，带点豪放，却又让人感觉似真似幻，缥缈而且朦胧。在皑皑的白雪间，农家的红对联、红灯笼，衬托得祥和而喜庆。

美丽的风景有时候并不需要五彩缤纷，在所有雪乡照片中，以积雪为主题的白、黑、红的基色是这里的主色调，而恰恰是这简单的三种颜色，给了人厚重、简洁、醒目、震撼之美。容不得我们犹豫，恨不得盼望着冬季快快到来，好再次踏上雪乡之路。

"林乡雪海神灵气，莽荡荡，接天碧。"走进雪乡，你的思维便会自由放飞，总觉得眼睛不够使，恨不得把所有美景尽收眼底。在占地500公顷的风景区内，家家户户的房屋都有一个向外延伸的长长的屋檐，低低悬垂。积雪在屋顶堆积，既像覆盖着的洁白大棉被，又像奇特罕见的大蘑菇。厚厚的积雪，严严实实地把木屋包裹成了名副其实的雪屋，只是剪了一个口，把门和窗子露到了外面。小院用木栅栏围起来，在斜斜的光线映照下，形成了一排排琴键一样的黑白光影。

乡村小路的两侧，垒砌着齐腰深的雪墙，弯弯曲曲，像一条条长藤，串起了家家户户。院门上粘贴的红福字，小院里高高悬挂的红灯笼，在周围白雪的映衬下，说不出有多么赏心悦目。从屋顶伸出的烟囱里冒出的白烟，盘旋着袅袅伸向天空，山村顿时变成了一幅大手笔的水墨画，显得格外宁静。

入夜，这里更成了阆苑仙境。那些点亮的红灯笼，把夜空映得一派绯红。飘飘的飞雪，绕着灯笼打着旋，那么缠绵，那么多情。这种美，是能把人的心灵融化掉的纯净之美，它能让人的灵魂得到一种柔美的安抚。

这样美丽的雪景是如何形成的呢？专家介绍说：雪乡处在张广才岭的东南坡，不远处是海拔将近1700米的老秃顶子，它们和附近的羊草山共同形成了雪乡三面环山的格局。每年当北面袭来的西伯利亚寒流和南来的日本海暖湿气流在此交汇，两座大山便挡住了海洋暖流，也挡住了山外的污染，老天爷便把纯净的雪，倾泻在这个小小的盆地上。

可以说，雪乡的美，完全是这里特殊的地形条件形成的小气候造成的，是一种得天独厚的旅游资源。走出雪乡，哪怕是拐过这个山头，这独特的、令人震撼的美景便不复存在了。

瑞雪兆丰年

瑞雪兆丰年

古人说"瑞雪兆丰年"，这话不无道理。寒冬腊月，若能连降几场铺天盖地的大雪，对农业生产、人体健康、环境净化等，便具有了莫大的益处。

雪与农业息息相关。世界上许多产粮地带，无不是靠瑞雪使农田获利。我国新疆伊犁地区和东北的三江平原，每年降雪的数量折合成水量的话，大约占到全年降水总量的30%～40%，对当地的农牧业生产起着举足轻重的作用。准噶尔盆地、塔里木盆地、哈密大草原，农牧业生产几乎全靠天山融雪水滋润；河西走廊和西大滩的农业生产靠的是祁连山与贺兰山的融雪水；黄土高原和东北平原等半干旱地区的"冬雪春用"，对防止春旱、作物增产增收具有重要作用。

防冻保温减少冻害　俗话说："麦盖三床被，枕着馒头睡。"积雪松软多孔，体积大、质量小，空隙中充盈的空气是温度的不良导体，越冬作物被积雪覆盖后，等于盖上了一层厚厚的"棉被"，地里的热量传不出来，外面的冷空气也钻不进去，既可阻止土壤中热量散失，又可阻隔寒气侵入给作物造成冻害。当麦田积雪达到5厘米厚时，小麦分蘖节处的地温比雪面上的温度高3 ℃左右；积雪厚达10厘米时，分蘖节处的地温比雪面上的温度高5 ℃；在积雪超过10厘米厚

的情况下，有积雪覆盖比无积雪覆盖的麦田，分蘖节处的温度偏高6~7 ℃。可见，积雪的确能保护麦苗或其他越冬作物不受冻害。

蓄水保墒减少春旱　"春雨贵如油、十年九春旱"，是我国北方广大干旱和半干旱地区的主要气候特点之一。

冬、春季节天气干燥，西北风频繁，很不利于大田保墒防旱，常常使土壤水分损失严重。而若冬季有积雪覆盖，既能减少田间蒸发，保住土壤水分，同时积雪融化时又能增加土壤湿度，为小麦返青提供较好的条件。

杀菌灭虫害　大量事实证明：冬季无雪或少雪，来年农作物病虫猖獗；若雪多、雪厚，来年作物病虫害便会减少，五谷丰登。这是因为，当积雪融化时，由于吸收大量热量，地表温度骤然降低，可冻死靠近作物根部的一些害虫和虫卵。同时，地面积雪阻隔了雪层上下空气的对流，造成土壤层中氧气不足，病原菌、害虫和虫卵被憋死和闷死。另外，积雪融化时，土壤表层水分增大，甚至达到饱和状态，这时蛰伏在土壤表层的害虫，常因过量水分的浸渍而死亡，从而减轻了害虫对农作物的危害。

压碱洗盐淡化土壤　我国广大盐碱地区有"天不怕，地不怕，就怕三四月份盐碱上浮啃麦芽"的农谚，说明小麦苗期最怕盐碱危害。而冬春地面若有积雪覆盖，便减少了地面蒸发，下层盐碱很难上升到达地面。开春融雪水下渗，又时时冲洗着盐碱，从而大大淡化了土壤中盐碱的含量，有利于麦苗度过"险关"。

净化环境　雪是环境净化的"白衣卫士"。雪花在其形成、飘落过程中，将大气中飘浮的尘埃、煤屑、矿物质等"捕捉"得一干二净。所以大雪过后，蓝天如洗，空气格外清新宜人。雪还是"天然的消声器"，雪花飘落到大地之后，由于它的密度小、质量小、空隙大，对噪声具有很强的吸收作用。所以，雪后的城市、乡村都显得格外宁静，从而减少了噪音对环境的污染。

神奇的雪水

雪水的神奇，在我国早为人知。

汉代《氾胜之书》和北魏贾思勰的《齐民要术》都有用雪水浸种的记载。明代李时珍的《本草纲目》也有同样的记述：腊雪装入瓶中，密封保存于阴凉处，数十年不坏；用腊雪水浸五谷，则耐旱不生虫。

古代劳动人民在长期实践中发现，用雪水浸种能促使农作物的根系发达，植株生长繁茂而又健壮，抗病能力强，既防旱耐旱，又不生虫。稻种经过雪水浸泡后，催出的谷芽根系粗壮，播于秧田后，扶针快，秧苗素质好；插于大田，分蘖也多，各个生育期均提早2～3天，并且株高、穗长，每穗粒数均优于自来水或井水浸种，而且空壳率低，千粒重增加。

用雪水浸泡黄瓜种子，发芽率比普通水浸泡的要高40%；黄瓜生长期用雪水浇灌，产量可增加20%。棉花种子用雪水浸种可增产1～2成，而且纤维品质好。甜菜种子用雪水浸泡，块茎可增重40%，糖分可增加1.5%。在新疆沙漠和西藏高原种植的瓜果蔬菜之所以长得特别肥大壮硕，和那里灌溉农田的水来自天山、昆仑山及其他高山的雪水也有很大关系。

雪水对生物之所以会产生如此奇妙的作用有三个原因：一是雪水中"重水"含量少，而"重水"是一种带放射性的物质，对各种生物的生命活动有强烈的抑制作用。二是雪水的理化性质与一般水不同，雪水经过冰冻，排除了其中的气体，导电性能发生了变化，密度增加，变得"稠"了，表面张力增大了，水分子内部压力和相互作用的能量都显著增加。雪水就其生理状况而言，和生物细胞内水的性质非常接近，因此表现出强大的生物活性，能促进植物新陈代谢。三是雪水中含有较多的氮化物，是一种肥水。

据研究，雪水对强身健体也有一定作用。我国古代医书中大量记载了腊雪的功能，如腊月下的雪甘、冷、无毒，能解温毒、祛热症。因上火引起双目红肿时，用腊雪水洗眼可退赤清目；要是饮酒过量，喝杯温热了的腊雪水，可醒酒提神；常喝腊雪水，能防治老年动脉粥样硬化；要是生了痱子，腊雪水涂抹可消肿解痒。

腊雪为何能治病呢？其原因是腊月下的雪具有奇异繁杂的结构，多呈正十二边形，融化后的水为活性水。人所以会衰老或患动脉硬化，就是因为体内缺少这种易于人体吸收，又能刺激酶活性而促进新陈代谢的活性水。年纪大的人常喝雪水，在一定程度上会防止衰老。

候鸟远征

雪水的神奇，连动物也偏爱呢！世界上几十种候鸟每年远征千万里，从南方迁徙到寒冷的北方，除了气候原因外，受雪水的诱惑也是一个重要原因，因为雪水有助于鸟类抚育它们的后代健康茁壮成长。经过猎人们长期观察发现：原始森林中的老虎、黑熊、梅花鹿、山鸡、野兔等常常专门到冰雪融化的地方找雪水喝。有人做过实验：用雪水喂养的小猪，一昼夜能增重600克，而用普通水喂养，仅能增重360克；各方面都相同的母鸡，用雪水喂养的一组，3个月以后产蛋数量比普通水喂养的一组多1倍，平均蛋重多3.3克。

雪的传奇

六月雪

说到六月雪，就不免使人想起元代戏剧大师关汉卿所写的戏曲《窦娥冤》。

出身贫苦的窦娥，3岁时死了娘，7岁时成了童养媳。后来，她被泼皮无赖张驴儿诬告"杀死其父"，含冤入狱，昏官枉法将窦娥问成死罪。窦娥冤深似海而无处申诉，临刑前发下三桩誓愿，其中第二桩是："如今是三伏天道，苦窦娥委实冤枉，身死之后，天降三尺瑞雪，遮掩了窦娥尸首。"监斩官不信，说："这等三伏天道，你便有冲天的怒气，也召不得一片雪来。"谁知，刀过头落时，真的下了一场三尺厚的大雪，"六月雪"因此而得名。我们现在用的"昭雪"一词，即是袭用其意。

不过，这个故事仅是作者的艺术加工，借六月雪达到渲染窦娥冤情的凄惨悲烈而已。那么，六月真能下雪吗？

窦娥斩首六月飞雪

　　是的，世界之大，无奇不有，地球上的"六月雪"还真的实有其事。早在周考王六年（公元前435年），陕西扶凤县就有"六月秦雨雪"的记载，这是我国最早有关"六月雪"的记载。

　　北方六月雪　我国长江以北的广大北方地区，农历六月或阳历6月降雪其实不足为奇。如1981年5月31日11时27分，山西省管涔山区降了一场百年罕见的大雪，至6月1日下午3时止，历时27个多小时，降雪量达50.2毫米，雪深25厘米，并伴有雾和雾淞，地面积雪3天后才融化完。

南方六月雪　令人称奇的是，纬度较低的我国长江流域和浙江、福建、江西等地，也有过多次6月天飘雪的记载。

1987年8月18日下午3点40分，上海市区飘起了小雪花。当天是农历闰六月二十四，俗称"六月雪"。

江西《金溪县志》载："公元1653年，金溪夏六月，炎日正中，忽下大雪，仰视半空，玉鳞照耀，至檐前则溶湿不见。"到了1655年，《抚州府志》和《宜黄县志》又记载了"宜黄六月雨雪"；1661年，福建《建瓯县志》记载："建瓯六月朔大寒，霜降，初四日雨雪。"

据《华东地区近五百年气候历史资料》（1978年出版）记载，华东地区共出现"六月雪"45次。1860年，湖北宜昌一带也出现过夏日降雪，至今在宜昌境内还保存着一块完整的石碑，上面刻有："庚申年又三月十五日，立夏下雪。"

域外六月雪　据记载，除我国外，世界上许多国家也曾降过"六月雪"，比较典型的是：

1996年7月8日，法国突降大雪，这场不合时令的大雪覆盖了那里大片地域；同年7月10日，一场30年未遇的暴风雪袭击了南非。大雪连降3天，积雪最深达2米，20多人被突如其来的严寒冻死。

1997年6月22日，一场百年罕见特大暴风雪降临在南美西部地区，一时狂风怒吼，大雪漫天飞舞。阿根廷和智利的边境地区、安第斯山区雪下得很大，积雪深度创下百年纪录——深达4米。

以上说的"六月雪"已经够离奇了，谁知还有更离奇的事情呢！

赤道六月雪　1982年7月24日，位于赤道附近的印度尼西亚伊里安岛伊拉卡山区，遭受了历史上罕见的特大暴雪袭击。鹅毛大雪下了20多个小时，气温从22℃骤降到0℃。由于当地人常年生活在热带，从没经受过严寒困扰，成千上万的人只好往全身上下涂猪油以避寒。1988年7月15日，非洲莱索托王国北部和东北大部地区降了大雪，5万居民被大雪所困，以吃雪来维持生命。

彩色雪

雪花，最显著的特点是洁白和纯净。所以，古往今来，有许多美妙的华章赞美它的晶莹。人们总是习惯把"雪"和"白色"联系在一起。但是，大自然有时却一反常态，让雪花脱去银装，换上彩色衣裳，使人瞠目结舌。

我国是世界上最早记录彩色雪的国家，翻开史书，各种各样的彩色雪令人惊诧不已。

赤雪　据《晋书·武帝本纪》记载，武帝太康七年（公元286年）十二月己亥日，"河阴雨，赤雪二顷。"据《五行志》，唐德宗贞元二十一年（公元805年）正月甲戌日，"雨赤雪于京师。"据《宋史·仁宗本纪》记载，宋仁宗庆历三年（公元1043年）十二月丁巳日，"河北雨赤雪。"

黑雪　据《酉阳杂俎》记载，唐德宗贞元二年（公元786年），"长安大雪，平地深尺余，雪上有薰黑色。"明代洪武四年（公元1371年）十月，湖北省黄岗、麻城一带曾下过黑雪。1991年，受海湾战争石油燃烧的黑烟影响，我国喜马拉雅山一带也降过一场黑雪。

红雪　按《五行志》记载，宋仁宗庆历三年十二月二十六，"天雄、军德、博州，天降红雪；雪尽，降血雨。"据《江南通志》记载，明孝宗弘治七年（公元1494年）二月庐州雨雪，色微红。清乾隆十三年（公元1748年）十月，湖北省乾州县下了一场如胭脂的红雪。1988年2月28日晚上，甘肃省礼县西南部山区降了一次红雪。这次降雪过程前两天，当地一直刮着大风，降雪当日气温急剧下降，晚上9点多降红雪达1个多小时。

黄雪 清康熙七年（公元1668年）三月十二，湖北省沔阳县竟从天上降下"色如硫磺、大似铜钱"的黄雪。1957年初春，我国天山地区大风连刮数日，风把沙漠中的黄土卷上天空，水汽在黄尘周围不断凝结，遇冷空气后，下了一场名副其实的黄雪。

据报道，彩色雪在外国也时有发生。

蒙古红雪 1980年5月2日夜，蒙古国肯特省诺罗布和诺罗布林两个县境内，同时降了鲜艳夺目的红雪。经化验：每升雪水含有矿物质148毫克，其中有未溶解的锰、钛、锶、钡、锌、铬等化学元素，正是这些化学元素为雪花披上了红色外衣。

瑞典黑雪 1969年圣诞节前夕，瑞典南部的瓦腾湖降下一场黑雪。科学家从黑雪中查出大量的煤屑、尘埃、农药等工业污染物。

此外，日本的石川、福州和富士山等地也曾下过黑雪。在厂区密布的重工业城市上空，经常弥漫着大量煤烟，下雪时，这些煤烟就能把雪染成黑色。

冰雹肆虐

可怕的雹灾

牡丹花城遇冰雹

冰雹是一种严重的气象灾害。在所有的天气现象中，它与龙卷、**低空急流**、**飑线**过境一样，被誉为"黑色狂魔"。冰雹天气时，落雹常砸坏庄稼，危及人畜安全。3600年前的甲骨文中，就有占卜天会不会降冰雹的骨片，说明我国商代已经知道降冰雹会损害农作物，给人们的生产和生活带来灾害。

2015年5月6日，二十四节气中的立夏，"花开时节动京城"的牡丹花会热潮尚未消散的河南洛阳，便遭遇了一场突如其来的冰雹袭击。这场灾害性天气违背了一般不在夜里降雹的规律，且来得突然，走得迅速，就像打了一场闪电般的游击战。

历史走到今天，现代化的气象手段，早已结束了对天祷告的时代。洛阳这场突如其来的冰雹灾害到来之前，并没有逃出当地气象人敏锐的慧眼。矗立在龙门山上的"顺风耳""千里眼"——现代气象雷达，以及现代化的气象探测仪器和高超的气象手段，早已将冰雹即将肆虐的信号捕捉到了。5月6日晚8时15分，洛阳市气象台通过各种媒体发布了雷电黄色预警信号。只不过冰雹来得太诡异，太迅即，预警还没"暖热"，罪恶的魔爪已经伸过来了。

冰雹降落中沾合到一起的结合体

大约半个小时后，罪恶的魔爪便趁着黑夜的掩护，悄悄地将它的触角伸向了洛阳大地。就像摸黑袭营一样，一旦得手，便毫不手软。一刹那间，豆大的雨点与核桃大的冰雹狼狈为奸，配合着明灭的闪电和震耳的雷声，铺天盖地扑过来。这种速度，超出了任何人的预料，躲不胜躲，防不胜防。短短几分钟内，这座"千年帝都，牡丹花城"便被狂躁的风雨和邪恶的冰雹所包围，家家户户的窗玻璃都被打得"啪啪"作响。

约20分钟后，雹止雨息，乌云散尽，天气恢复平静，强对流天气消失得无影无踪。

按照豫西冰雹活动规律，冰雹天气一般发生在4—7月，这个能够说得过去。但这次冰雹违背了夜间很少发生的日分布特点，让人大惑不解。因此，尽管气象部门早有预警，但由于日分布特点发生了异常，加之时间短促，突如其来的冰雹还是将居民们打了个"措手不及"。

影响最大的首先是公交线路受阻。降雹正急时，公交车辆大多选择车流量小的道路一侧打开应急灯靠边等待，冰雹过后，途经各主干道的公交车辆均爆满运行。冰雹将行道树枝叶打落，使下水道堵塞造成积水，老城区中州路与新街交叉口变成一片汪洋，机动车与非机动车混行其间。路两侧的非机动车道上，积水淹没人行道。

冰雹肆虐时，正在路上行走或在马路边停靠的小轿车严重受损，不少汽车挡风玻璃被打烂。还有诸多行人来不及躲避，被从天而降的冰雹打得头破血流。

雹灾过后，当地政府和气象部门展开调查，发现这次雹灾呈带状分布，洛阳市372万亩正处在抽穗灌浆期的小麦，被冰雹砸得稀烂；正在旺长的烟叶被打落一地，损失惨重。距洛阳市不远的伊川县，樱桃、苹果等果蔬都受到了不同程度的危害。

骇人听闻的冰雹灾害

最令人刻骨铭心的是1972年春天影响我国的超级冰雹群。春天，本应该是万物复苏、万紫千红、春光明媚、欣欣向荣的，老天爷却一反常态，在我国北起东北三省、南至粤桂山地、西自陕西四川盆地、东到黄海东海之滨的21个省（自治区、直辖市）近300万平方千米的国土上空，布下了恐怖的冰雹阵。滚滚乌云漫天飞卷，引发雷鸣电闪，刮起卷地狂风，随之是大雨滂沱，再把令人震颤的冰雹砸向人间。

这太反常了。从常规看，冰雹一般打的是"游击战"，找一个地方骚扰一下，打完就走。这次则不然，好像要搞一次一鸣惊人的"阵地战"，行兵布阵，有条不紊。

4月14—20日一个星期时间，在以上介绍的庞大范围内，每天都有20个以上的市（县）出现冰雹灾害，有时甚至多达上百个市（县）。其中降雹市（县）次数在20次以上的分布于安徽、福建、江西、山东、湖南、广东、四川和贵州等地，并以四川为最多，达90个市（县）次。

在这7天中，以18日和19日降雹范围最大，损失最严重，达百市（县）次之多，波及范围南北长达20个纬度，东西宽达20个经度。不仅范围广，而且雹块儿个头也大，有15个省（自治区、直辖市）雹块大如鸡蛋、鸭蛋，最大的直径达20厘米。此外，地面积雹也厚，一般有6～13厘米，其中江西省吉安市万安县个别地方积雹竟达30多厘米厚。

还有一个特征是降雹持续时间长。冰雹一般都是短时间灾害，最长不超过20分钟，而四川地区历时长达1个多小时，十分罕见。

更为厉害的是，降雹时还伴有狂风暴雨，尤其是龙卷引发的气压骤降，造成房屋因室内外压差过大而突然"爆炸"，仅山东省莱州市就有9800多间房屋被摧毁。

这次覆盖近300万平方千米国土的冰雹灾害，共造成了300多人死亡，3000多人受伤，50多万间房屋受损，近50万公顷农田遭灾。

这么大的能量，不知道老天爷是怎么聚集起来的！这次骇人听闻的超级冰雹群，亘古罕见，中外罕见。

冰雹不仅对地面造成危害，连高空飞行的飞机也不放过。2015年8月7日，美国达美航空1889次航班由波士顿起飞，目的地为犹他州盐湖城，在途经科罗拉多州时，遭遇大如棒球的冰雹袭击。此时，驾驶舱挡风玻璃几乎被打碎，连机鼻的全球卫星定位系统也被损毁。机上的乘客都以为无可挽救，大难必死，绝望地挽手哭泣。在万分危急的情况下，技术高超、素质过硬的飞行员决定紧急迫降。在缺少卫星定位，缺少地面指挥的情况下，机师只好采取"盲目"迫降。报道称，当时冰雹从飞机一侧的发动机灌入，又从另外一侧流出，非常危急。飞行员最终使用自动滑翔系统，成功地将这架客机降落在丹佛国际机场。大难不死的乘客纷纷表示，本来平稳的飞行突然演变成宛如过山车一般的强烈颠簸，是任何人没有预料到的，飞机被砸成这个样子，可以想象冰雹的威力有多大！

冰雹是一种局地性灾害性天气，犹如自然界中最致命的子弹，难怪人们自古以来就对其谨慎防范。

冰雹的身世

冰雹原来有这么多秘密

冰雹同其他降水物相比，其诞生的地方很特殊，必须是强烈发展的积雨云，我们把它叫做冰雹云，戏称为"冰雹的加工厂"。这种"加工厂"的垂直厚度一般为6000～8000米，含水量极其丰富。冰雹云一般分为三层：上层（温度低于20 ℃）、中间层（温度为-20～0 ℃）和底层（温度在0 ℃以上）。

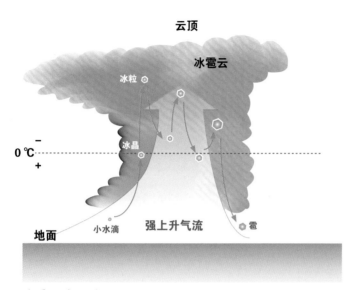

云顶

冰雹云

冰粒

冰晶

0 ℃

－

＋

地面

小水滴

强上升气流

雹

冰雹形成示意图

当强烈的上升气流携带着大大小小的水滴和冰晶向上运动时，其中有一些水滴和冰晶便并合冻结成较大的冰粒。这种冰粒和过冷水滴被上升气流输送到含水量累积区，就生成了冰雹核心，就是常说的雹核。在强烈上升的气流中，这些雹核是不由自主的，只能听之任之，由气流摆布，于是便被带到了水量多、温度不太低的区域与过冷水滴碰并，从而长成一层透明的冰层。

而随着气流继续上升，这些大大小小的水滴和冰晶又被带进水量较少的低温区。这里主要由冰晶、雪花和少量过冷水滴组成，雹核与它们粘并、冻结，就包上了一层不透明冰层，变成了冰雹。当上升气流再也托不住时，冰雹便一跟头栽下来。下落中，贪得无厌的冰雹并没有止步，而是在不断地并合冰晶、雪花和水滴，继续生长，于是它的身体便越来越肥大。

这仍然没有结束。在下降过程中，它往往会落到另一股更强烈的上升气流区，已穿上冰衣的冰雹便会随着这股气流再次上升，重复其生长过程，这样冰雹就一层透明一层不透明地增长着。最后，当上升气流再也支撑不住它时，这家伙就从云中劈头盖脑地摔下来。

冰雹一般有3～5层，最多可达20多层。其直径通常为0.5～2厘米。由于冰雹块头大，下降速度快捷而迅猛，破坏力极大。据计算，一个直径2厘米、重3.8克的雹块从几千米的高空落下来，其落地速度能达到20米/秒；但若是直径20厘米、重达3.8千克的雹块从天空落下，其速度可达惊人的63米/秒，相当于普通火车速度的3倍。如此高速而密集的雹块儿从天际落下来，对房屋建筑、农作物、人畜造成的灾难就可想而知了。

冰雹的种类

由于降雹的积雨云多种多样，因而形成冰雹的方式也各不相同。大致可分为5种类型：热成雹、夜成雹、锋面雹、平流雹和地形雹。

热成雹 白天地面受太阳强烈辐射，引起近地层暖湿空气温度剧升，加之地面水分大量蒸发，使近地层空气变得异常潮湿。但在离地面较高的空气层，由于得到地面辐射热量较少，温度上升缓慢，相比之下显得较冷。这种局面便促成了空气交换，冷而干的空气下沉，暖而湿的空气上升，形成对流强盛的积雨云。这种天气降雹范围不会很大，常发生在夏天午后最热的时候。

夜成雹 顾名思义，就是夜里形成的冰雹。正常情况下，夜里空气层相对比较稳定，一般不会产生对流强烈的积雨云。但是，如果天空被厚厚的云层覆盖，云层上部向太空强烈辐射散热却又得不到任何热量补充时，温度便会迅速下降，空气变得冷而沉，于是便产生强烈的热量交换，发展成降雹的积雨云。

夜成雹通常生成于**暖锋**云系中，也叫暖锋雹，比较罕见。2015年5月6日夜间发生在河南洛阳的冰雹灾害，就属于这一种。

锋面雹 锋面雹分为暖锋雹与冷锋雹两种，此处仅谈谈冷锋雹。当冷空气移动速度较快时，它会迅速插入暖空气底部，逼得暖空气迅速上升。这些被迫上升的暖空气携带有大量水汽，当升到一定高度后就会凝结成水滴，生成积状云并继而发展成积雨云。如果冷空气移动速度非常快，往往导致前面的暖湿空气来不及撤退，便在冷空气上堆积拱起，很快形成积雨云降落冰雹。还有一种情况是，急行性冷锋由于行进速度特别快，而下部由于地面摩擦作用跟不上上层空气，就会出现上层冷空气比下层冷空气大大向前突出的现象，产生异常的钩鼻子型状况：下方是暖而轻的空气，上面是冷而沉的空气，这样就造成了空气的严重不稳定，形成激烈对流，迅速发展成积雨云而降下冰雹。

平流雹 这是由平流原因引起对流发展而形成的积雨云降雹，常出现于高原边缘地区或山脉的背风面。高原边缘的平原地带如果为暖气团控制，而高原地带正好有冷空气向边缘地区移动，暖湿空气无法支撑冷空气在其上部运行，冷空气就会下跌，占领暖空气地盘，逼得暖空气上升，从而产生对流。当暖空气升高到一定高度后，便凝结成积雨云，降下冰雹。

地形雹 这是一种因地形作用形成的降雹。在山区，降雹有相当一部分都是这种天气引起的。当暖湿空气遇到山脉阻挡，便沿着山脉向上爬升，期间不断冷却、凝结，产生积状云。只要暖湿空气后继有力，这种积状云很快就会发展成为积雨云而降雹。还有一种情况是，冷锋移动过程中遇到山脉阻挡，冷锋继续前进，暖空气后退无路，只好顺着山坡往上爬，从而产生对流性强烈的积雨云，降下冰雹。

冰雹的行踪

世界上冰雹最多的地方，是非洲肯尼亚的克里省和南蒂地区，一年中居然有130天降雹。我国也是多雹灾的国家。多年来，气象工作者经过不懈努力，在实地调查研究的基础上，基本摸清了冰雹活动的规律。

地区性　就全国范围而言，冰雹最多的地区为青藏高原和祁连山区，如西藏的黑河地区，年平均雹日达34天，为全国之冠。阴山、天山、长白山、太行山和云贵高原等地，也是冰雹较多的地方。从地形看，山地多于平原，中纬度地区多于高纬度地区，北方多于南方，内陆多于沿海。这种分布特征和大规模冷空气活动及地形有关，西北、西南、华北等内陆山地多发，江淮沿海的江苏北部、安徽西部、浙江等山地也常常出现，而广东、福建等地冰雹极少。

季节性　我国成片的雹区大体分为三个地带：淮河以南主要集中在2—5月，黄淮海地区集中在4—7月，黄河以北集中在5—10月。青藏高原和其他高山地区与上述地方有所不同，一般发生在6—9月。

时间性　就日分布来说，各地冰雹多半在午后发生，夜间和清晨较少。这是因为这段时间空气对流作用最强的缘故。夜间也会出现，但比较偶然。

需要特别强调的是，冰雹活动与山区地形有着密切关系。山区地形对冰雹活动的影响，首先是约束作用。雹云逢山口而入，沿谷道移动；在谷道分股处，雹云分开并减弱，汇合处雹云相接并加强。但强烈的雹云可摆脱各谷道的约束，漫过山脊移动。其次是冲抬作用。冷锋如果移动迅猛，则有利于雹云在山区受地形抬升而加强。雹云移动时，在气流下坡区和谷道喇叭口入口区若遇山峰峙立，就会在这山峰或近坡处降雹。再次是热力作用，在高原和山脉的南坡，积雪的高山旁侧峡谷地带，秃山裸风区，谷风汇集区，都容易形成冰雹。最后是背风坡波动作用。在波谷区，雹云减弱；在波峰区，雹云加强。

冰雹还有一个显著特征，就是民间总结的"雹打一条线"。观测发现，降雹区往往宽度有限，但长度却很长，就像一条带子。

这是因为，冰雹只能生成于积雨云中上升气流最强的地方，而上升气流最强的地方在积雨云中也不过两三千米的宽度，这样造成的降雹区也就只能有两三千米的宽度了。但积雨云不是停滞不动的，随着上升气流的活动，其移动的长度往往可达十几千米甚至几十千米。山区由于地形影响，雹灾往往会在一个地方重复出现。掌握了这些规律，对于冰雹的预防便带来了极大的便利。

形形色色的冰雹

冰雹也同雨、雪一样，形形色色，令人叹为观止。

虫雹　1999年5月29日，辽宁省大连市甘井子区南关岭地带降雹，有人目击冰雹中裹着小虫子。原来，这次冰雹发生在温暖的春夏之交，一些昆虫成团随气流北上。它们在迁徙途中遇到抬升气流，就被卷入冰雹云中，充当了冰雹核。随着冰雹的不断增大，一层层冰壳就把小虫子包裹了起来。

龟雹　1894年5月11日下午，在美国密西西比州的博文纳降落一个又大又奇特的冰雹，冰壳中竟然包着一只乌龟。原来，博文纳那天正刮着猛烈的旋风，这只不幸的乌龟被旋风卷上了天空。在翻滚的云海里，可怜的乌龟被当做冰雹的雹核，随着气流的波动，让冰雪包裹了一层又一层。

人雹　更为骇人的是，历史上还曾出现过人雹。1930年5月，5名德国滑翔机驾驶员在罗恩高地上空遇到了雹云，只好弃机跳伞。恰在此时，一股强烈的

人雹

上升气流将他们"俘虏",带进了冰冻区,被冰晶层层包裹后,再从空中重重地摔下来,一位名叫盖伊·默里奇的驾驶员奇迹般获救。

红冰雹 1936年,蒙古西北的肯特地区降过一次红色冰雹。这是因为在降雹之前,空中飞扬着许多彩色尘土,云层中的小水珠附着在这些尘土上,便形成了红冰雹。

黄冰雹 1962年6月，福建省南部山区降了一次黄色冰雹。这是因为降雹时正值当地马尾松开花，黄色花粉随气流上升到了积雨云内，掺杂进了水汽云滴之中的缘故。

软雹 1963年5月24日，黑龙江省伊春市降了一场软雹。雹块摔到地上不会反弹，就像摔下的软柿子。

雪心冰雹 1886年10月3日，在美国亚利桑那州的尤马，降了一次罕见的雪心冰雹。人们发现，冰雹的内核不是通常的霰而是压紧的雪，外面裹着厚厚的冰壳。

多核冰雹 1981年和1982年，西藏和北京分别观测到多核冰雹，即一个冰雹含有4～6个雹核，而一般冰雹只有一个雹核。

世界最大冰雹 1970年9月9日，美国德克萨斯州科菲维尔降下的冰雹中，最大的直径居然达到惊人的44厘米。篮球的直径才24厘米，你可以想想这个冰雹有多大。这是目前所知世界上最大的冰雹。

一天9次降雹 我国部分地区曾发生过一天中2次或2次以上降雹。最为典型的是湖北省五峰土家族自治县，1964年2月7日，一天中断断续续降雹9次之多。

冰雹的预防

冰雹云的识别

我国民间积累了丰富的预测冰雹的经验，主要是识别冰雹云的外貌、颜色、动态，听打雷的声音，观测物象反应和风向风力等。

观云貌 冰雹产生于强烈的积雨云中，这种云最大的特征是，远看云头如山峰般耸立，犹如怒发冲冠。云的中下部臃肿、肥厚，翻滚涌动，相互叠压。

云底较低,感觉就在头顶上,无数个悬球状云团似乎要从空中掉下来,让人产生强烈的压抑之感,有时候还能看到松散的黑色云块儿在云底快速穿梭。天空颜色变化非常快,瞬间白昼如夜,并伴有强劲的偏北大风。这种天气,就是标准的冰雹来临的前兆。

看云色 冰雹云与一般的雷雨云不同,云底显得又灰又黑,云的边缘呈现出可怕的红颜色,瞬间天空会阴暗许多。这是因为云体太浓厚了,强烈的日光不能将云体穿透。太阳光通过云体边缘时,产生了散射、折射作用,为雹云染上了不同的色彩。

黄河中下游一带流传着这样的俗语:"黑云像座山,红云镶了边,雷声如推磨,冷蛋(冰雹)在眼前。"

辨云势 冰雹云移动迅速,并伴有连续性的翻滚现象,一般自听到沉闷的雷声或看到冰雹云来势汹汹的云头到开始降雹,时间不过10～20分钟。如果是2块或多块冰雹云各自扩展,最后合成一体,则会形成强烈的冰雹灾害,不但降雹时间长,强度也会十分惊人。农谚说:"云打架,很可怕,冷蛋马上下。"

听雷声 冰雹云的雷声也与一般的雷雨云不同。一般的雷雨云,多是清脆的炸雷,霹雳响亮而迅猛。而冰雹云的雷声,则往往沉闷连绵,像推磨一样,响个不停。民间把这种雷声称为"拉磨雷"。这是因为冰雹云中多横闪造成的。横闪比竖闪频次高,范围大,闪电各部分发出的雷声和回声混杂在一起,听起来就有了连绵不绝的感觉。除雷声外,冰雹云的内部由于千千万万个雪珠与冰雹随着气流剧烈翻滚,搅动空气,发出"呼呼"的响声。这种声音同连绵不绝的雷声混在一起,更增加了降雹前的恐怖气氛。谚语说:"不怕炸雷响破天,就怕闷雷拉磨盘。""闷雷带横闪,雹子大如碗。"

看闪电 闪电是积雨云中放电形成的强烈夺目闪光,有黄白色、金黄色、紫红色等。一道闪电的长度通常只有数百米，但最长可达数千米。闪电的温度，从1.7万℃至2.8万℃不等，相当于太阳表面温度的3～5倍。这种极度高热使沿途空气剧烈膨胀，因此形成强烈的、震耳欲聋的声波。云中电荷的分布很复杂，总体而言，上部以正电荷为主，下部以负电荷为主，上、下部之间形成一个电位差。当电位差达到一定程度后，就产生放电现象。闪电的平均电流是3万安培，最大电流可达30万安培。其电压很高，为1亿～10亿伏特。一个中等强度雷暴的功率可达1千万瓦，相当于一座小型核电站的输出功率。这样的强电场，可以把云地间的空气层轻松击穿。冰雹云的闪电频次比一般的积雨云要高，大约每5分钟多于50次。冰雹云放电多为横枝状连续闪电，夜间多发出红色光芒。难怪民间有"纵闪大雨，横闪降雹"的说法。

辨风向 我国属于东亚季风气候，一年四季风向变化明显。春末夏初暖湿空气多从东南方吹来，这是形成冰雹的先决条件，当风向急转成西北或偏北风，而且风力加大时，冰雹即会随之而来。农谚说："恶云见风长，冷蛋随风降。"

人工防雹史话

冰雹是一种局地性灾害性天气，犹如自然界中致命的子弹，难怪自古以来就引起了人们的重视。

很早以前，就曾有人设想过人工消雹。

据《左传》记载，鲁昭公四年（公元前538年），春降大雹，相国季武子曾问别人："雹可御乎？"（冰雹能够预防吗？）

到了明、清时代，季武子提出的问题终于有了回音。

17世纪末，清代的《广阳杂记》就载有："夏五六月间，常有暴风起，黄云自山来，必有冰雹。土人见黄云起，则鸣金鼓，以枪炮向之施放，即散去。"这是中国古代用土炮防雹的生动描述。

甘肃省某县志记载：明清时代，人们开始用"鸟枪齐发"的办法轰击雹云消雹。

1896年，奥地利葡萄酒生产商采用火炮阻止冰雹并取得成功。他们的方法，与我国甘肃采取的"鸟枪齐发"的办法大同小异。

后来，意大利人发明了用火箭消灭冰雹的方法。他们希望爆炸会使雹块变松、变小，从而减轻危害。俄罗斯人则尝试将带雷达的反冰雹导弹发射到积雨云中来消灭冰雹。

20世纪以来，随着降水理论的完善，人工防雹的思路更加明确。由于云中过冷水是产生冰雹的重要条件，碰冻过程是冰雹胚胎长成冰雹的主要过程，因此切断或减少冰雹胚胎赖以成长的过冷水源，让处于饥饿状态的冰雹胚胎因食不果腹而难以长大成雹。

1946年，美国通用电气公司科学家谢福经过长期探索，在一次实验中偶然发现，在云层里撒播干冰，可以达到人工增雨的目的。在此基础上，他又进一步研究了冰雹的成因及预防冰雹的方法。通过人工作业，在冰雹云中加入催化剂，产生人工胚胎，去争夺云中的水分，使冰雹成长受到遏制，并迫使其"早产""早落"，达到消雹的目的。

从此，人工增雨消雹在世界范围内达到了普及。

目前，国内外在人工防雹中主要采用两种方法：催化剂防雹法和炮轰法。前一种方法是利用火箭、飞机或炮弹将碘化银微粒等催化剂撒入云中，促使云中的过冷水滴变成冰晶，使冰晶大量增加，过冷水滴大大减少，不易形成较大的冰雹。后一种方法是利用土炮、土火箭、空炸炮或高射炮弹在云中爆炸，改变雹云内的垂直气流，通过爆炸形成强大冲击波，使雹云中的冰雹相互碰撞，迫使大块的冰雹撞碎成小块，从而达到减轻冰雹危害的目的。

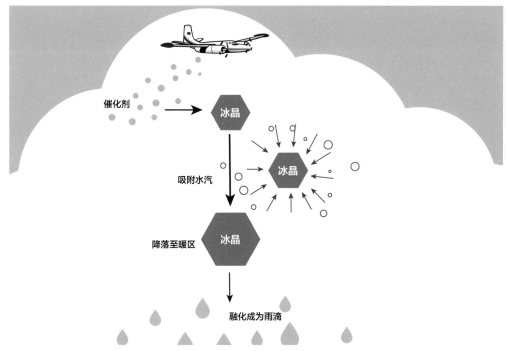

催化剂

冰晶

吸附水汽

冰晶

降落至暖区

冰晶

融化成为雨滴

人工增雨消雹

近年来科学家又研究出碘化银焰弹，通过发射，在达到一定高度后横飞。这些焰弹在云中下降过程中，燃烧分散碘化银烟粒，形成一个碘化银人工冰晶扩散空间，达到人工催化的目的。

人工消雹成绩斐然

我国自1958年部分地区开展人工增雨防雹以来，到目前已遍及全国各地。主要作业手段是使用37毫米口径高射炮（俗称三七高炮）或火箭，向雹云过冷部分发射含碘化银的炮弹。研究发现，用高炮人工消雹的同时，可以增加降水量。

据大气探测证明，强大的冰雹云含水量极为丰富，人工增雨潜力很大。福建省古田水库地区在中国气象科学研究院和一些大专院校配合下，1975—1986年12年间，用高炮进行了244次随机催化实验，平均增雨23.8%，并达到了国际科学界的认可。

此外，用高射炮、土炮或火箭向雹云的中下部轰击，可避免雹云降雹，即使不能完全遏制，但能迫使其下风方降为小冰雹或雨，对作物不能构成灾害，这可能与《广阳杂记》记载的"以枪炮向之施放，即散去"有异曲同工之妙。这种"爆炸法"的防雹方法，原理尚在继续研究中，可能是炮弹在云中爆炸后产生的冲击波削弱了云中的上升气流，使小冰雹因失去强上升气流的托举而从云中跌落。虽然防雹机理还不太清楚，但的确有效。

1975年9月11日下午，安徽省凤阳县一块庞大的雹云袭来时，作业人员立即向移近炮点的冰雹云开炮。射击45秒钟，发射人工增雨弹50发，炮击后3分钟大雨滂沱，取得了化雹为雨的效果，避免了一场雹灾，受益面积120平方千米。

近年来，河南省灵宝市寺河山乡防雹、消雹事例就很能说明问题。这里位于豫晋陕三省交界处，坐落在伏牛山腹地，是河南苹果主产区，苹果种植面积达3万多公顷，年产果品5亿多千克，是国家优质苹果生产和外销基地。但这里又是冰雹重灾区。正当苹果挂果季节，一场冰雹，就会把满山满坡丰收在望的苹果打得七零八落，果农辛苦一年的希望就破灭了。当地村支书说："2011年7月17日，一场冰雹把我们打惨了。自从设立防雹炮点后，果园再没有遭受过冰雹危害。现在全村2000亩果树，仅优质苹果就能收获240万千克，村民户均收入4万多元。"

炮击冰雹云

目前，世界上已有30多个国家开展了人工防雹实验。通过对保护区受灾情况对比分析，认为人工防雹对保护果园、葡萄、棉花、烟草等经济作物有明显效果，经济效益显著。

随着气象科学的发展，人工消雹和防雹技术越来越成熟，近年来这项造福人类的工作，在我国有了长足进步。2013年，全国共有29个省（自治区、直辖市）及新疆生产建设兵团组织开展了人工影响天气作业，其中26个省（自治区、直辖市）使用增雨飞机50架，作业980架次，时间长达2574小时。此外，全国还投入使用三七高炮6761门、火箭架7632套、碘化银发生器414台，实施地面人工影响天气作业52 494次（其中增雨作业22 418次，防雹作业28 806次），发射炮弹91.2万发、火箭弹13.1万枚，防灾抗灾效益显著。

地处多雹区的甘肃省岷县闾井八朗地区，自从在黄金山设立炮点开展防雹作业以来，数年基本无灾。河南省豫西伏牛山区、豫北太行山区等地，由于气象部门与当地政府防雹方法得当，措施有力，有力地保障了当地粮食作物、林果和烟叶等经济作物生产的安全。

参考文献

金传达, 1999.祸从天降 [M].北京 : 气象出版社 .

李光亮, 2002.冰雹 [M].北京 : 气象出版社 .

林之光, 1987.中国气候 [M].北京 : 气象出版社 .

齐忻敏, 2013.冰雹的自我表白 [J].气象知识（4）: 58.

钱自强, 邓先瑞, 1985.梅雨 [M].北京 : 气象出版社 .

王奉安, 1998.揭开地球的神秘面纱 [M].北京 : 气象出版社 .

张海峰, 2007.云天探秘 [M].北京 : 气象出版社 .

张家诚, 1998.我们赖以生存的地球资源 [M].北京 : 气象出版社 .

张玉成, 糜建林, 2012.小气候成就大美"雪乡" [J].气象知识（6）: 26.

赵同进, 汪勤模, 2005.气象灾害 [M].西安 : 未来出版社 .

附录　名词解释

页码	名词	释义
006	能见度[1]	视力正常者能将一定大小的黑色目标物从地平线附近的天空背景中区别出来的最大距离。
009	过冷水滴[2]	温度下降到 0 ℃（即正常冻结点）以下而不冻结的水滴。
011	饱和空气[1]	在同样温度和压力下，平的纯水面或冰面处于平衡状态的湿空气，其相对湿度为 100%。
015	逆温层[1]	气温随高度增加或保持不变的大气层次。
020	季风[1]	大范围区域冬、夏季盛行风向相反或接近相反的现象。如中国东部夏季盛行东南风，冬季盛行西北风，分别称夏季风和冬季风。
023	雨日[1]	日降水量大于或等于 0.1 毫米的日子。
024	锋面[1]	两个不同性质气团间的倾斜界面。
027	副热带高压[1]	中心位于副热带地区的高压系统。地理学中称亚热带高压。
058	日柱[1]	在地面上观测到的太阳正上方或正下方的一种间断或连续的白色、橙色或红色的光柱。
061	地转偏向力[1]	由于地球自转运动而作用于地球上运动质点的偏向力。

页码	名词	释义
062	华[1]	天空有薄云存在时，透过云层在太阳或月亮周围由云中水滴或冰晶衍射而形成的彩色（内紫外红）光环。
063	晕[1]	悬浮在大气中的冰晶（卷状云、冰雾等）对日光或月光的折射和反射作用而形成的光学现象，呈环状、弧状、柱状或亮点状。
078	低空急流[1]	对流层低层（850百帕附近）出现的急流。
078	飑线[1]	呈线状排列的中尺度雷暴群体。
085	暖锋[1]	暖空气前移取代冷空气位置时的锋。

[1] 全国科学技术名词审定委员会. 大气科学名词 [M]. 北京：科学出版社，2009.
[2]《大气科学辞典》编委会，大气科学辞典 [M]. 北京：气象出版社，1994.